Das System Internationaler Einheiten (SI)

Standort in der Größenlehre

G. Oberdorfer

Springer-Verlag
Wien New York

Dipl.-Ing. Dr. techn. Dr.-Ing. E. h. GÜNTHER OBERDORFER
em. o. Professor an der Technischen Universität Graz, Österreich

Printed in GDR
Satz und Druck: VEB Messedruck BT Borsdorf III-18-328

Library of Congress Cataloging in Publication Data. Oberdorfer, Günther, 1899. Das System Internationaler Einheiten (SI). 1. International system of units. I. Title. QC95.023. 530'. 8. 77–2959.

ISBN 3-211-81431-0 Springer-Verlag Wien — New York
ISBN 0-387-81431-0 Springer-Verlag New York — Wien

Vorwort

Das vorliegende Buch ist ein Nachfolger des Buches „*Das Internationale Maßsystem und die Kritik seines Aufbaus*". Ein solcher Untertitel wäre heute nach der weltweiten Annahme des Systems Internationaler Einheiten nicht mehr gerechtfertigt, weil er als negative Einstellung zu diesem System aufgefaßt werden könnte. Man kann aber die Vorteile, die das SI der Wirtschaft, Technik und Wissenschaft bringt, gar nicht überschätzen, ist jetzt doch eine Sprache geschaffen worden, die jeder versteht und die weitestgehend Mißverständnisse ausschaltet. Nicht von ungefähr bedient sich das neue System der Ausdrucksweise der Größenlehre, denn es war nur quasi als metrische Krönung dieser Disziplin möglich geworden. Eine aufklärende Durchleuchtung und Beurteilung des Systems muß daher auch von der Größenlehre ausgehen, und so ist der neue Untertitel entstanden.

Der Verfasser wollte damit allerdings nicht nur das SI als reife Frucht der Größenlehre bestätigen, sondern den Leser anregen, das neue Gebäude nicht nur zu bewohnen, sondern für dessen Erhaltung und Verschönerung das Verständnis zu schaffen. Und dazu sind doch wieder kritische Überlegungen notwendig, die es ermöglichen sollen, Entwicklungen der Zukunft, die sich heute schon abzeichnen, zu verstehen und in die richtigen Bahnen zu lenken.

Wie jede einschneidende Neuerung – und eine solche ist das SI zweifellos – zunächst gewisse Schwierigkeiten mit sich bringt, ist dies auch mit der Einführung des SI in die Praxis der Fall, wo vor allem der Praktiker lieb gewordene Gewohnheiten aufgeben und Einheiten verwenden soll, die ihm vorerst noch wenig sagen, wohingegen vermeintlich allein anschauliche verpönt werden. Er wird allerdings bald gerne vermerken, daß die großen Vorteile des SI diese Mühe reichlich lohnen.

Auch das SI hat Grenzprobleme, deren Lösungen diskutiert werden oder noch ausständig sind. Sie werden sicher nicht zu einer grundsätzlichen Änderung, wohl aber zu Erweiterungen und Ergänzungen führen. Schon heute setzen sich auf dem Gebiete der Wärmelehre Anschauungen durch, die vielleicht in absehbarer Zeit zu Auffassungsänderungen der Temperatur und Wärmegrößen führen werden, die sich auch auf die einschlägigen Einheitendefinitionen auswirken werden. Weitere Grenzauffassungen findet man bei den Zählgrößen, den Größenverhältnissen und den Verhältnisgrößen sowie bei den logarithmischen Größenverhältnissen. Der Verfasser hofft, daß der Leser nach Durchsicht dieses Buches einerseits in der Einstellung zum SI gestärkt wird, andererseits aber auch das richtige Verständnis bekommt für da und dort aufkommende Diskussionen, Erweiterungsvorschläge und Bestimmungen der zuständigen Gremien.

Der erste Hauptteil des Buches enthält die größentheoretischen Grundlagen, der zweite Hauptteil die Sammlung der SI-Einheiten. Der reine Praktiker mag sich mit dem Nachschlagen in den Einheitentabellen begnügen, wird aber beim Studium des Basisteiles sicher Nutzen ziehen, zumal es keine höheren mathematischen Kenntnisse benötigt.

Zu besonderem Dank bin ich dem VEB Fachbuchverlag Leipzig und dem Springer-Verlag Wien verpflichtet für ihr Verständnis gegenüber den Sonderwünschen des Verfassers. Dieser ist davon überzeugt, daß ihr Entgegenkommen zum Nutzen der Leser gereichen wird.

Graz, im Dezember 1976 Der Verfasser

Inhaltsverzeichnis

1. Einführung

Das System Internationaler Einheiten, kurz SI genannt, ist heute in allen Kulturstaaten dei Erde gesetzlich verankert, nachdem jahrzehntelange Bestrebungen vorangegangen sind, die Vielfalt der gebräuchlichen Einheiten durch überall anerkannte und verstandene Einheiten zu ersetzen. Daß dies ein überaus schwer zu verwirklichendes Ziel sein würde, lag von Anfang an klar zutage, mußte man doch vielfach mit althergebrachten Gepflogenheiten brechen, in Fleisch und Blut übergegangene Einheiten über Bord werfen oder gar gewohnte und als unumstößlich angesehene Begriffe völlig neu deuten.

Daß dieser Umschwung und schließlich eine zwischenstaatliche Einigung überhaupt möglich wurde, ist einer gleichzeitig in der Wissenschaft, Technik und Wirtschaft aufgekommenen Einsicht zu verdanken, nach der man die Symbole in den Gleichungen, die die technischen und physikalischen Abhängigkeiten beschreiben sollen, völlig neu deutete. Stellten diese Gleichungen bisher lediglich zahlenmäßige Abhängigkeiten dar, die der betragsmäßigen Rechnung dienten, so legte man ihnen nach WALLOT [1] nunmehr zusätzlich ihre physikalische Qualität bei. Die Gleichungen wurden damit von „algebraischen“ zu „physikalischen“ Gleichungen, die allerdings formal weitgehend wie algebraische Gleichungen behandelt werden konnten. Es war aber zu erwarten, daß gewisse Unterschiede auftreten werden, wenn dies auch bis heute noch vielfach übersehen wird. Zumindest ist aber eine kritische Untersuchung unerläßlich, die zeigen soll, ob die reine Algebra ohne ergänzende Einschränkungen weiterhin angewendet werden darf. In neuerer Zeit versucht man von mancher Seite eine diesbezügliche Klarstellung mit Hilfe der Mengenlehre herbeizuführen. Mit einigermaßen logischem Denken liegen die Probleme aber so einfach, daß man die Mengenlehre nicht zu strapazieren braucht, zumal dann das Problem erst wieder von vielen nicht verstanden werden wird.

Die Symbole in den physikalischen Gleichungen werden jetzt physikalische Größen genannt und die sich mit ihnen befassende Disziplin Größenlehre.

Die Diskussionen und Verhandlungen um eine einheitliche Einheitenfestlegung im Rahmen der Größenlehre haben schließlich zu Beschlüssen verschiedenster Gremien geführt, so vor allem auch zu den Empfehlungen R 1000 und R 31 der ISO (International Organisation for Standardization), in denen das SI übernommen wurde. Durch die „Richtlinien des Rates der Europäischen Gemeinschaft (EWG) gemäß Amtsblatt Nr. 1.243/29 vom 18. Oktober 1971 zur Angleichung der Rechtsvorschriften der Mitgliedstaaten über die Einheiten im Meßwesen“ und Amtsblatt Nr. C 20/4 vom 29. Januar 1976 wurde dann das SI in den Ländern der EWG eingeführt und für diese verbindlich. Für die Länder des Rates für Gegenseitige Wirtschaftshilfe (RGW) wurde die Standardisierungsempfehlung RS 3472-72 „Ordnung und Verfahren des Übergangs zum Internationalen Einheitensystem (SI); Allgemeine Empfehlungen" erarbeitet.

Der Zeitpunkt der Einführung des SI liegt noch nicht lange zurück. Es ist daher verständlich, daß es noch häufig mißverstanden oder nicht konsequent und einwandfrei angewandt wird, zumal unbestritten an Grenzbereichen gewisse Verständnisschwierigkeiten auftreten. Diese kommen vor allem daher, daß es oft nicht leicht ist, liebgewordene Gewohnheiten, Vorurteile und nicht zuletzt scheinbar unantastbare Grunderkenntnisse über Bord zu werfen. Das gilt vor allem für die Größenlehre, wo vorteilhaft die Kenntnis der physikalischen Gesetze zunächst vergessen und diese gewissermaßen neu aufgestellt werden sollen. Nur so können überkommene Fehlauslegungen beseitigt werden.

2. Grundlagen der Größenlehre

2.1. Allgemeines

Es wurde bereits erwähnt, daß die Gleichungen zwischen physikalischen Größen keine algebraischen Gleichungen im herkömmlichen Sinn sind, daß also untersucht werden muß, ob und welche Rechenoperationen mit Größen vorgenommen werden können. In der Algebra ist beispielsweise in der Gleichung $c = a \cdot b$ eindeutig und problemlos c das Produkt aus den Zahlen a und b (zum Beispiel $12 = 3 \times 4$). Die Beziehung $A = F \cdot s$, die die Arbeit A als „Produkt" aus Kraft F und Weg s ermitteln läßt, ist durchaus nicht so selbstverständlich, denn was soll denn schon das Produkt aus einer Kraft und einem Weg sein? Was wird hier „multipliziert", und wieso ist das Ergebnis etwas ganz anderes als die beiden Faktoren? Ebenso ist in der Gleichung $v = s/t$ für die Geschwindigkeit der „Quotient" aus dem Weg s und der Zeit t sicher kein Quotient im algebraischen Sinn. Noch heikler wird die Frage bei der Verwendung von Funktionen, wie etwa dem Logarithmus oder den Winkelfunktionen. Hat zum Beispiel der Logarithmus einer elektrischen Spannung überhaupt einen Sinn?
Es läßt sich nun nachweisen [2], daß Größengleichungen immer die Form von Potenzprodukten haben, also etwa bei expliziter Schreibung

$$G = \mathrm{k} \cdot A^{\alpha} \cdot B^{\beta} \cdot C^{\gamma} \cdots \qquad (1)$$

ist. Die Produktbildung folgt dabei formal den Gesetzen der Algebra. Auf die physikalische Bedeutung dieser Produkte soll im Abschnitt 2.7. näher eingegangen werden. Sie begründet den Reiz der Größenlehre, die nicht inhaltsleeren Zahlen einer Algebra verhaftet ist, sondern in ihren Symbolen und Gleichungen das hinter ihnen stehende physikalische Geschehen wahrnehmen und berücksichtigen muß. Selbstverständlich beschreiben die Größengleichungen aber nicht nur die physikalischen Abhängigkeiten, sondern auch die Werteverhältnisse.

2.2. Größe, Einheit, Zahlenwert

Die Natur legt uns Erscheinungen, Vorgänge, Zustände usw. vor, die immer an gegenständliche Körper gebunden sind, die im folgenden *Objekte* heißen sollen. Im allgemeinen ist ein Objekt der Träger einer Vielfalt von solchen Merkmalen, wie zum Beispiel ein Stück Brot, das eine Masse, eine Temperatur, einen Geschmack u.a.m. hat. *Meßbare* Merkmale physikalischer Objekte heißen *physikalische Größen* oder kurz *Größen*. Im vorigen Beispiel sind also Ausdehnung, Masse, Temperatur physi-

kalische Größen, nicht aber der Geschmack oder die Farbe. Das Messen einer Größe erfolgt dabei durch einen Vergleich mit einer Größe gleicher Art.
Größen sind *gleicher Art*, wenn man sie sinnvoll addieren (oder subtrahieren) kann. Gleicher Art sind zum Beispiel die Länge und die Breite eines Tisches oder die Arbeit und Wärmemenge in einem thermodynamischen Prozeß. Größen gleicher Art bilden eine Menge, aus der *eine* Größe beliebig ausgewählt werden kann, um sie zum Vergleich mit den zu messenden Größen gleicher Art heranzuziehen. Der Vergleich, also die Messung, erfolgt so, daß festgestellt wird, „wie oft die Vergleichsgröße in der zu messenden Größe enthalten" ist, mit anderen Worten, „das Wievielfache der Vergleichsgröße die zu messende Größe" ist. Die Vergleichsgröße heißt *Einheit* der Größe und die Zahl, die das Vielfache angibt, *Zahlenwert* derselben. Das Produkt aus Zahlenwert und Einheit beschreibt dann die Größe im besonderen. Die Gleichung

$$\text{Größe} = \text{Zahlenwert} \times \text{Einheit} \tag{1}$$

bildet die Grundlage der Größenlehre. Die rechte Seite der Gleichung kann gemäß den Angaben im Abschnitt 2.1. wie ein algebraisches Produkt behandelt werden.
Um die erhaltenen Begriffe in mathematischer Form darstellen zu können, ordnet man ihnen Buchstabensymbole (Formelzeichen) zu. Diese sind weitgehend genormt [3]; als Einheitenzeichen gilt für eine allgemeine Darstellung das in eckige Klammern gesetzte Größensymbol, während der Zahlenwert durch das in geschweifte Klammern gesetzte Größenzeichen dargestellt wird. In mathematischer Form lautet dann die Beziehung (1) für eine Größe G

$$G = \{G\}\,[G] \tag{2}$$

Diese Gleichung gilt sehr allgemein für irgendeine Größe, die in diesem Zusammenhang *allgemeine Größe* genannt werden soll. Ist die Art[1]) der Größe bekannt, nicht aber ihr Ausmaß, so spricht man von einer allgemeinen Größe dieser Art, während die Größe zur *speziellen Größe* wird, wenn ihr Ausmaß bekannt ist.
Kennzeichnende Beiwörter präzisieren Größe, Einheit und Zahlenwert hinsichtlich eines bestimmten Objektes. In der Angabe $L = \{L\}\,[L]$ eines Tisches bedeuten dann beispielsweise

L die allgemeine Größe Länge

$\{L\}$ den allgemeinen Zahlenwert dieser Länge

$[L]$ die allgemeine Einheit dieser Länge,

während im besonderen

$L_\mathrm{T} = 5\ \mathrm{m}$ die spezielle Länge des Tisches

$\{L_\mathrm{T}\} = 5$ der spezielle Zahlenwert der vorliegenden Tischlänge

$[L_\mathrm{T}] = \mathrm{m}$ die spezielle Einheit, mit der gemessen wurde

ist. 5 m wird auch Größenwert oder *Wert* der speziellen Größe L_T genannt.

---

[1]) Genaueres über die Art einer Größe wird im Abschn. 2.5. gesagt.

Oft interessiert der spezielle Zahlenwert der Größe nicht, wohl aber die Angabe, über welche Einheit er erhalten wurde. Man setzt in diesem Falle die Einheit als Index an das Größenzeichen oder an die Klammer des Zahlenwertsymbols. Es ist dann beispielsweise

$G_E \equiv \{G\}_E$ der Zahlenwert der Größe G, wenn diese mit der Einheit E gemessen wird

$G_{SI} \equiv \{G\}_{SI}$ der Zahlenwert der Größe G, wenn diese in der SI-Einheit gemessen wird.

Aus der Definition der Einheit ergibt sich, daß zunächst für jede Größenart unendlich viele Einheiten gewählt werden können. Sinn des SI war es unter anderem, diese Vielzahl auf eine einzige Einheit herabzusetzen oder auf Einheiten zu beschränken, die in einem Zehnerpotenzverhältnis stehen. Wird eine Größe G einmal mit der Einheit $[G]_1$ und das andere Mal mit der Einheit $[G]_2$ gemessen, dann ist

$$G = \{G\}_1 [G]_1 = \{G\}_2 [G]_2$$

und es wird

$$\frac{\{G\}_2}{\{G\}_1} = \frac{[G]_1}{[G]_2} \tag{3}$$

Die Zahlenwerte verhalten sich also umgekehrt wie die Einheiten.

Diese selbstverständliche Beziehung wird gerne hochtrabend als Invarianz der Größen gegen einen Einheitenwechsel bezeichnet und ihre Existenz als notwendige und hinreichende Bedingung zur Deklaration eines Begriffes zu einer physikalischen Größe angesehen. Da sie aber nur für spezielle Größen gilt und diese eo ipso gleichbleiben, gleichgültig ob sie überhaupt und wie sie gemessen werden, ist die Invarianzaussage ein alogischer Pleonasmus ohne Bedeutung eines Kriteriums.

Neben den bisher behandelten meßbaren Größen, die man auch *Meßgrößen* nennt, gibt es Größen, die durch Zählung bestimmt werden und daher *Zählgrößen* heißen. Es ist Ansichtssache, ob man das Zählen nicht auch als eine Art Messen ansehen will und daher eine besondere Behandlung dieser Größen unnötig wäre. Tatsächlich zeigen die Zählgrößen aber gewisse Eigenschaften, die eine Sonderbehandlung in manchen Fällen rechtfertigen, zumal sie auch im Schrifttum oft gesondert beschrieben werden. Der Unterschied zu den Meßgrößen ist nicht grundsätzlicher Art, so daß eine gleichartige Behandlung stattfinden kann. Eher sind einige zusätzliche Bemerkungen über oft mißverstandene Eigenschaften am Platz.

Beispiele von Zählgrößen sind die Anzahl von Gegenständen eines Haufens, die Partikelanzahl einer Stoffmenge, die Anzahl der Umdrehungen zur Definition der Drehzahl, die Anzahl der Perioden bei der Definition der Frequenz usw. Meinungsverschiedenheiten treten hier häufig auf, weil im Sprachgebrauch meist nicht die Größen, sondern die Zähl-Objekte gemeint werden. Alle diese Objekte haben aber eine gemeinsame, abzählbare Eigenschaft: sie bestehen aus Teilen oder Einzelindividuen. Es gibt nur eine einzige Zählgröße, die *Anzahl*. Man könnte sie etwa wie den Zahlenwert als

reine Zahl ansehen, was auch heute noch vielfach geschieht. Tatsächlich denkt man aber beispielsweise bei der Angabe „fünf Früchte" nicht an die *Zahl* 5, sondern unterstellt ihr noch die Tatsache, daß es sich um eine aus fünf Einzelstücken bestehende *Menge* handelt. Es liegt also ein echter Größencharakter vor, der in einer umfassenden Größenlehre nicht verloren gehen darf.
Die Größe „Anzahl" muß dann aber auch durch ein Produkt aus Zahlenwert und Einheit dargestellt werden. Die sich hier darbietende Einheit ist das *Stück*.
Es gibt nun zwar nur die eine Zählgröße Anzahl, aber sie tritt an sehr vielen, verschiedenen Objekten auf. Es besteht dann häufig das Bedürfnis nach der Angabe, auf welches Objekt sich im Einzelfall die Zählung bezieht. Das könnte so erfolgen, daß der Objektname zur Einheit Stück hinzugesetzt wird. Das klassische Beispiel ist die exakt angeschriebene Gleichung

$$a \text{ Stück Äpfel} + b \text{ Stück Birnen} = (a + b) \text{ Stück Früchte} \tag{4}$$

Die „physikalische" Aufgabe ist lediglich die Feststellung der Stückzahl, die die Addition bringt, was durch die Gleichung

$$a \text{ Stück} + b \text{ Stück} = (a + b) \text{ Stück} = c \text{ Stück} \tag{5}$$

eindeutig und ausreichend ausgesagt werden würde. Die Beifügung der Objektnamen erinnert nur daran, wie die Summe zustande gekommen ist. Dabei ist es für die Aufgabe völlig gleichgültig, wie sich die Summenstückzahl c auf die der Summanden aufgeteilt hat, was ja auch in der Benennung „Früchte" zum Ausdruck kommt, die nicht mehr erkennen läßt, wieviel davon Äpfel und wieviel Birnen waren. In Unkenntnis dieser Tatsache der Größenlehre und weil man Größe und Objekt nicht auseinanderhielt, hat man von den Doppelwörtern das erste weggelassen und nur mehr den Objektnamen belassen, der aber unbewußt stellvertretend für die Einheit Stück gedacht wurde. Die Gleichung erhielt dann die Form

$$a \text{ Äpfel} + b \text{ Birnen} = (a + b) \text{ Früchte} \tag{6}$$

Das ist eine Schreibweise, gegen die nichts einzuwenden ist, da jetzt ja Äpfel, Birnen und Früchte nur Synonyme für Stück sind, während sie in (4) nur zusätzliche Bezeichnungen zu a, b und $(a + b)$ waren. Im übrigen erkennt man sofort, daß die Schreibweise nach (6) auf die Einheit Stück beschränkt ist, wenn man gleichzeitig mit verschiedenen Zählgrößeneinheiten zu rechnen hat, wie zum Beispiel Dutzend oder Schock, wo natürlich bei jedem Summanden die Einheit angegeben werden müßte.

2.3. Größen-, Zahlenwert-, Einheitengleichungen

In gleicher Weise wie in der Algebra kann man auch die Buchstabensymbole von Größen miteinander in Gleichungen in Beziehung bringen. Die Art der Verbindung ergibt sich, wie noch gezeigt werden soll, entweder aus den experimentellen Erfah-

rungen oder aus willkürlichen Definitionen. Gleichungen, in denen die Buchstabensymbole physikalische Größen bedeuten, wo sie also auch jederzeit durch Produkte aus Zahlenwerten und Einheiten ersetzt werden können, heißen *Größengleichungen*. Ihre grundsätzliche Bedeutung liegt darin, daß sie die Abhängigkeit physikalischer Gegebenheiten darstellen, also das physikalische Geschehen, unabhängig von allen speziellen Ausmaßfragen, beschreiben. Sie sind daher vorzüglich dazu geeignet, Naturgesetze, physikalische Vorgänge und Zusammenhänge und grundsätzliche, im Wesen der Größen gelegene Abhängigkeiten zu beschreiben. Es treten keine Einheitenprobleme auf und – solange die Größen nicht in ihre beiden Faktoren aufgespalten werden – trüben auch keine Zahlenwerte die grundsätzliche physikalische Aussage.
Bedeuten die Buchstabensymbole in einer Gleichung Zahlenwerte, so heißt die Gleichung *Zahlenwertgleichung*. Sie spiegelt den physikalischen Hintergrund ihres Inhaltes weitaus schlechter wider, ja kann ihn unter Umständen gänzlich verschleiern, weil die Zahlenwerte ganz verschieden sein können, je nach den Einheiten, über die sie gewonnen wurden. Zudem können Zahlenwerte von konstanten Größen zu einer gemeinsamen Zahl zusammengefaßt werden, die dann den Einfluß dieser Größen nicht mehr erkennen läßt. Allerdings können Zahlenwertgleichungen im technischen und wirtschaftlichen Bereich dort vorteilhaft sein, wo immer wieder Rechnungen mit derselben Gleichung durchgeführt werden müssen. Dadurch, daß man dann ein für alle Male alle Zahlenwerte zu einem einzigen Zahlenfaktor zusammenfaßt, kann die Rechnung oft wesentlich vereinfacht werden. Eine physikalische Deutung der Beziehung ist in diesen Fällen meist uninteressant oder auch nicht möglich. Zahlenwertgleichungen sollen daher als solche stets gekennzeichnet werden.
Schließlich kann man auch Einheiten in *Einheitengleichungen* miteinander in Beziehung bringen. Da die Einheiten ja selbst Größen sind, besteht für die Einheitengleichungen eine nahe Abhängigkeit von verwandten Größengleichungen.
Der Zusammenhang zwischen Größen-, Einheiten- und Zahlenwertgleichungen ist von grundlegender Bedeutung und muß daher etwas näher untersucht werden. Im allgemeinen hat eine Größengleichung die Form

$$G = \mathrm{k} \cdot A^{\alpha} \cdot B^{\beta} \cdot C^{\gamma} \cdots \tag{1}$$

wobei der Zahlenfaktor k aus einer physikalisch oder geometrisch bedingten Ableitung stammt. Ersetzt man in der Gleichung die Größen durch ihre Produkte aus Zahlenwert und Einheit, so erhält man mit

$$\{G\}\,[G] = \mathrm{k} \cdot \{A\}^{\alpha}\,[A]^{\alpha} \cdot \{B\}^{\beta}\,[B]^{\beta} \cdot \{C\}^{\gamma}\,[C]^{\gamma} \cdots \tag{1a}$$

eine Gleichung, die man in eine Einheitengleichung

$$[G] = \xi \cdot [A]^{\alpha}\,[B]^{\beta}\,[C]^{\gamma} \cdots \tag{2a}$$

und eine Zahlenwertgleichung

$$\{G\} = \frac{\mathrm{k}}{\xi} \cdot \{A\}^{\alpha}\,\{B\}^{\beta}\,\{C\}^{\gamma} = \mathrm{z} \cdot \{A\}^{\alpha}\,\{B\}^{\beta}\,\{C\}^{\gamma} \cdots \tag{2b}$$

aufspalten kann. Der „Einheitenkoeffizient" ξ mußte dabei gesetzt werden, weil ja bei noch offener Wahl der Einheiten links und rechts vom Gleichheitszeichen nicht die gleichen Ausmaße auftreten müssen. Nur wenn $\xi = 1$ ist, haben Größen- und Zahlenwertgleichung die gleiche Form. Ist in einem Einheitensystem der Einheitenkoeffizient für alle Einheitengleichungen gleich 1, so nennt man das System *kohärent* und seine Einheiten kohärente Einheiten.

Nach (2b) kann also zu jeder Größengleichung eine Zahlenwertgleichung für beliebige Einheiten gefunden werden. Zur Größengleichung

$$s = \frac{g}{2} t^2$$

für den freien Fall findet man zum Beispiel für die Einheiten

$$[s] = \mathrm{km}$$

$$[t] = \mathrm{min}$$

und

$$g = 9{,}81\ \mathrm{m \cdot s^{-2}}$$

$$\{s\}\ \mathrm{km} = \frac{1}{2} \{g\}\ \mathrm{m \cdot s^{-2}}\ \{t\}\ \mathrm{min}^2$$

$$\mathrm{km} = \xi\ \mathrm{m \cdot s^{-2} \cdot min^2} = \xi\ 3600\ \mathrm{m}$$

$$\xi = \frac{1}{3{,}6}$$

und damit die Zahlenwertgleichung

$$\{s\} = \frac{1}{\xi} \frac{\{g\}}{2} \{t\}^2 = 1{,}8\ \{g\}\ \{t\}^2$$

in der man also s in km erhält, wenn man t in min und $\{g\} = 9{,}81$ einsetzt. Da g konstant ist, kann man noch weiter mit $1{,}8 \times 9{,}81 = 17{,}658$ vereinfachen auf

$$s_{\mathrm{km}} = 17{,}658\ t_{\mathrm{min}}^2$$

Manchmal soll auch umgekehrt zu einer Zahlenwertgleichung die Größengleichung ermittelt werden. Liegt zum Beispiel die Zahlenwertgleichung

$$R = 10^3 \varrho \frac{l}{A}$$

für den elektrischen Widerstand einer Leitung vor, wobei

R in Ω

l in km

A in $\mathrm{mm^2}$

ϱ in $\dfrac{\Omega \cdot \mathrm{mm^2}}{\mathrm{m}}$

einzusetzen sind, so erhält man nach Ersatz der Zahlenwerte durch die Quotienten Größe durch Einheit

$$\frac{R}{\Omega} = 10^3 \frac{\varrho \text{ m}}{\Omega \cdot \text{mm}^2} \cdot \frac{l \text{ mm}^2}{\text{km} \cdot A} = 10^3 \varrho \frac{10^{-3} \text{ km} \cdot l \cdot \text{mm}^2}{\Omega \cdot \text{mm}^2 \cdot \text{km} \cdot A}$$

und nach Kürzen der Einheiten die Größengleichung

$$R = \varrho \frac{l}{A}$$

2.4. Definitionen und Proportionalitäten

Die Größengleichungen, und damit auch die Zahlenwert- und Einheitengleichungen, kommen nicht von ungefähr. Sie sind nicht vorgegeben, sondern müssen erst aufgestellt werden. Dazu gibt es zwei grundsätzliche Möglichkeiten. Im ersten Fall werden zwei oder mehrere, in einem Produkt oder Quotienten stehende Größen zusammengefaßt und als neue Größe *definiert*. Man erhält mit dieser – vor allem, wenn das Potenzprodukt immer wieder vorkommt – einen aussagekräftigen Begriff, der überdies eine Vereinfachung der Darstellung ermöglicht. Ein einfaches Beispiel ist die Geschwindigkeit, die als Quotient aus Weg und Zeit definiert wird und einen Bewegungsablauf sicher anschaulicher beschreibt, als das Weg und Zeit gesondert tun, obwohl diese völlig ausreichend wären. Gleichungen, in denen auf diese Weise neue Größen aus bekannten Größen definiert werden, sollen Definitionsgleichungen oder kurz *Definitionen* genannt werden.
Definitionen sind willkürliche Setzungen und erfolgen lediglich aus Zweckmäßigkeitsgründen. Eine neue Naturerkenntnis liefern sie nicht, können aber zur Anschaulichkeit physikalischer Vorgänge wesentlich beitragen.
Weitere Beispiele für Definitionen sind

$$A = F \cdot s; \quad E = \frac{F}{Q}; \quad H = \frac{I \cdot N}{l} \quad \text{usw.}$$

wo das Produkt aus den bekannten Größen Kraft und Weg als Arbeit, die auf die elektrische Ladung bezogene Kraft als elektrische Feldstärke und die auf die Länge bezogene Durchflutung einer Spule als magnetische Erregung neu definiert wurden.
Ganz anders liegt der Fall beim Versuch, eine gefundene gesetzliche Abhängigkeit, die ein Naturgesetz vermuten läßt, formelmäßig anzuschreiben. Ausschlaggebend ist dabei, wie man überhaupt zur Kenntnis eines solchen Gesetzes kommt. Hierzu ist einzig und allein eine Befragung der Natur im Experiment in der Lage. Vermutet man auf Grund von erfahrenen Erscheinungen, daß die darin beteiligten Größen in einer gesetzmäßigen Abhängigkeit zueinander stehen, die bislang unbekannt war, so muß man, um sie zu ergründen, vorerst eine geeignete Versuchsanordnung ersinnen, an der alle mit der Erscheinung vermutlich im Zusammenhang stehenden Größen beteiligt sind. Man ändert nun systematisch der Reihe nach die vermuteten Einflußgrößen und sieht nach, wie sich mit ihnen die Größe ändert, die als Ergebnisgröße des

Versuches angesehen werden kann. Natürlich müssen dabei alle im Spiele stehenden Größen als solche bekannt sein. Der Versuch kann nur *ein* Ergebnis bringen, nämlich die Feststellung, daß sich die ausgesuchte Ergebnisgröße im allgemeinen auf das n^ν-fache vergrößert hat, wenn die betreffende Einflußgröße auf das n-fache erhöht wurde, oder anders ausgedrückt, daß sie der ν-ten Potenz derselben *proportional* ist. Hat man solche Proportionalitäten für alle Einflußgrößen ermittelt, dann ist damit die grundsätzliche Form des gesuchten Gesetzes gefunden. Dieses kann jetzt als Potenzprodukt in einer Größengleichung angeschrieben werden. Wesentlich ist dabei die Erkenntnis, daß man niemals etwas anderes feststellen kann als eine Proportionalität, daß es also *unerläßlich* ist, in der Gleichung einen Proportionalitätsfaktor zu setzen. Dieser ist natürlich eine physikalische Größe, über deren Natur und Bedeutung man sich jetzt Gedanken machen muß. Sie wird Auskunft geben über das Wesen der Zusammenhänge. Es wäre ein absoluter Fehler und hieße bewußt auf die physikalische Klärung des Gesetzes zu verzichten, wenn man, aus welchen Gründen immer, nachträglich den Proportionalitätsfaktor wieder streichen wollte. Man erkennt, daß der erlistete Proportionalitätsfaktor eine Naturkonstante sein muß oder eine solche enthält, die für das gefundene Gesetz charakteristisch ist. Da in der neuen Gleichung alle Größen mit Ausnahme der Proportionalitätskonstante bekannt und meßbar sind, kann deren Wert jetzt über Messungen ermittelt werden, wobei er in den Einheiten der übrigen Größen ausgedrückt wird.

Gleichungen der beschriebenen Art sollen kurz *Proportionalitäten* genannt werden. Sie beschreiben immer Naturgesetze. Es kann vorkommen, daß sich nach Durchführung des Experimentes und Spaltung der erhaltenen Größengleichung in eine Zahlenwert- und eine Einheitengleichung herausstellt, daß der Proportionalitätsfaktor zu einer reinen Zahl entartet. Es ist das dann ein Zeichen dafür, daß gar kein Naturgesetz vorliegt, sondern eine irgendwie verschleiert gewesene Definition[1]).

Als Beispiel für eine Proportionalität sei das Gravitationsgesetz angeführt. Bei erstmaliger Konfrontation mit der einschlägigen Erscheinung wird die Erfahrung gemacht, daß sich schwere Körper anziehen. Nachdem die Größen Länge, Kraft und Masse bereits bekannt sind, zeigen planmäßig angestellte Versuche, bei denen die Entfernung und die Massen einzeln verändert wurden, daß sich die anziehende Kraft proportional zu den Massen und umgekehrt proportional zum Quadrat ihrer Entfernung erweist. Für das hinter der Erscheinung steckende Naturgesetz war also die Proportionalität

$$F = \gamma \frac{m_1 m_2}{r^2}$$

anzuschreiben, in der die noch unbekannte Naturkonstante γ als Proportionalitätsfaktor einzusetzen war. Die phänomenologische Betrachtung führte dann zur Benennung „Gravitationskonstante“ für diese neu gewonnene Größe. Hat man nun beispielsweise gemessen, daß sich zwei Massen von je 1 Tonne beim Abstand von

---

[1]) Nach Kenntnis des Dimensionsbegriffes (Abschn. 2.5.) ersieht man dies schon aus der Form der Proportionalität.

1 Meter mit einer Kraft von 6,6732 · 10^{-5} Newton anziehen, so findet man den Wert der Gravitationskonstante zu

$$\gamma = \frac{F\, r^2}{m_1\, m_2} = 6{,}6732 \cdot 10^{-11} \frac{\mathrm{N\, m^2}}{\mathrm{kg^2}} =$$

$$= \frac{6{,}6732 \cdot 10^{-5}}{10^6} \frac{\mathrm{kg \cdot m^3}}{\mathrm{kg^2 \cdot s^2}} = 6{,}6732 \cdot 10^{-11}\, \mathrm{m^3 \cdot s^{-2}\, kg^{-1}}$$

2.5. Dimensionen und Dimensionengleichungen

Die physikalische Größe hat sich in der Größenlehre als hervorragendes Element zur Darstellung physikalischer Zusammenhänge erwiesen. Ihr wertvollstes Merkmal betrifft die Zerlegbarkeit in zwei Faktoren, wovon der eine, die Einheit, als spezielle Größe gleicher Art die Wesensart (Qualität) der Größe umfaßt, während die zweite, der Zahlenwert, die Angabe des Ausmaßes (der „Großheit") übernimmt.

Bei der Beschreibung physikalischer Abhängigkeiten, aber auch bei Definitionen besteht oft der Wunsch, die Großheitsbeziehungen außer Betracht zu lassen und *lediglich* die Wesensbeziehungen zwischen den Größen in möglichst knapper Form, aber in eindeutiger Weise zu beschreiben, ohne an irgendwelche Einheiten gebunden zu sein. Man erhält dann einen Begriff, der ausschließlich die Wesensart der Größe beschreibt und als eine Art allgemeiner Einheit aufgefaßt werden kann, der aber kein Zahlenwert – auch nicht 1 – zukommt. Dieser neue Begriff wird *Dimension* der Größe genannt. Sein Symbol ist das in spitze Klammern gesetzte Größenzeichen, also allgemein $\langle G \rangle$. Gleichungen zwischen Dimensionen heißen Dimensionengleichungen. Man erhält die Dimensionengleichung aus der Größengleichung, indem man alle Größen durch ihre Dimensionen ersetzt und alle gegebenenfalls vorhandenen Zahlenfaktoren fortläßt, da diese ja nichts zur Beschreibung der Wesensart beitragen. So lautet die zur allgemeinen Größengleichung

$$G = \mathrm{k} \cdot A^\alpha\ B^\beta\ C^\gamma \ldots$$

gehörige Dimensionengleichung

$$\langle G \rangle = \langle A \rangle^\alpha\ \langle B \rangle^\beta\ \langle C \rangle^\gamma \ldots \qquad (1)$$

oder in einem speziellen Fall

$$W = \frac{m\, v^2}{2} \qquad\qquad \langle W \rangle = \langle m \rangle\ \langle v \rangle^2$$

Die Dimension einer Größe ist allen Größen gleicher Art gemeinsam und daher ein vorzüglich geeigneter Vertreter der Menge, soweit er die Wesensart ihrer Individuen kennzeichnet. So haben beispielsweise die Länge einer Tischkante, die Höhe eines Turmes, der von einem Fahrzeug zurückgelegte Weg usw. alle die gleiche Dimension „Länge", die etwa mit $\langle l \rangle$ bezeichnet werden mag.

Ein Größensymbol $l = \{l\}\,[l]$ sagt aus, daß eine bestimmte vorgelegte oder gedachte Länge das $\{l\}$-fache der gewählten Einheit $[l]$ beträgt; im Gegensatz hierzu gibt die

Aussage $\langle G \rangle = \langle l \rangle$ an, daß die vorliegende Größe G eine Länge ist, nämlich daß sie „die Dimension einer Länge" hat.

Der Begriff der Dimension ist nicht unumstritten. In der Gleichung (1) wird die Dimension der Größe G als Potenzprodukt anderer Dimensionen dargestellt. Das kann eigentlich nur so gedeutet werden, daß erst das Potenzprodukt die Dimension von G beschreibt und man daher genaugenommen nur diese als Dimension von G deuten dürfte. Auf diesen offenbaren Widerspruch muß noch eingegangen werden. Er findet im Abschnitt 2.7. seine Lösung.

2.6. Verhältnisgrößen

Im Schrifttum spricht man von Verhältnisgrößen bei Größen, die sich als Quotient zweier Größen gleicher Dimension darstellen. Abgesehen davon, daß das Bestimmungswort „Verhältnis" nicht sehr glücklich gewählt ist, da es keinen Rückschluß auf die Dimensionengleichheit der beiden Teilgrößen zuläßt, ist ihre Sonderbehandlung kaum notwendig, da sie Größen wie alle anderen auch und daher auch gleich zu behandeln sind. Wenn es hier dennoch geschieht, so eben aus Gründen des Sprachgebrauches, aber auch wegen gewisser Eigenschaften, die dem Blick auf die Algebra entstammen und auch im SI Niederschlag gefunden haben.

Die Verhältnisgrößen stehen den reinen Zahlen nahe und werden häufig auch als solche angesehen, weil man leicht der Versuchung unterliegt, Zähler und Nenner gegeneinander zu kürzen. Man erhält dann die „Dimension" $\langle G \rangle^0 = 1$ beziehungsweise die „Einheit" 1, weshalb man diese Größen auch dimensionslose Größen, Größen der Dimension Null oder eins und Einsgrößen genannt hat. Im Sinne der in der Einleitung ausgeführten Bewertung algebraischer Operationen in der Größenlehre ist leicht zu erkennen, daß eine solche „Kürzung" unstatthaft ist, denn es bildet ja gerade das Verhältnis der beiden – gewissermaßen nur zufällig dimensionsgleichen – Größen den Begriffsinhalt der Quotienten*größe*. Ein Kürzen der Größen, der Dimensionen oder der Einheiten würde die physikalische Information nehmen und damit der Verhältnisgröße der Größencharakter abgesprochen werden. Nun sind aber diese Größen meßbare Merkmale an physikalischen Objekten; ihr Größencharakter ist also unbestreitbar, und man muß ihnen auch echte Einheiten zugestehen und nicht etwa bloß besondere Namen für die *Zahl* 1.

Es darf aber allerdings nicht übersehen werden, daß nicht jeder Quotient aus zwei dimensionengleichen Größen eine physikalische Größe ist, und darin liegt vielleicht auch der hauptsächliche Grund zu manchen Verständnisschwierigkeiten. Oft ist der Quotient tatsächlich eine reine Zahl, wobei der Übergangsbereich zwischen Größe und Zahl fließend sein kann.

Wird ein Quotient aus zwei dimensionengleichen Größen lediglich deshalb gebildet, um zu ermitteln, das *Wievielfache* der Nennergröße die Zählergröße ist, dann wird durch ihn keine neue Größe definiert; der Quotient ist eine reine Zahl. Ein Beispiel ist schon der Zahlenwert einer Größe, der ja als Quotient aus Größe und Einheit, die

definitionsgemäß dimensionengleich sind, gebildet wird. Ein physikalisches Merkmal wird durch die Quotientenbildung nicht beschrieben.
Ein Beispiel möge den Sachverhalt nochmals unterstreichen: Werden für eine Dekoration zur Ermittlung der Länge der vorgesehenen Girlanden die Höhe und der Umfang der zu schmückenden Säulen benötigt und gibt man dabei die Höhe etwa als Vielfaches des Umfanges an, indem man den Quotienten Höhe/Umfang bildet, so ist dieser Quotient natürlich eine reine Zahl. Dasselbe Verhältnis Höhe/Umfang kann aber bei anderer Aufgabenstellung als neue physikalische Größe erscheinen und definiert werden und etwa die Benennung „Schlankheit" der Säule erhalten. Die Schlankheit einer Säule könnte beispielsweise eine Rolle bei der Beurteilung von Festigkeitsverhalten spielen. Sie ist dann natürlich eine physikalische Größe im Sinne der Größenlehre und muß auch eine entsprechende Einheit erhalten. Über die Einheiten solcher Verhältnisgrößen wird im Abschnitt 2.10. noch Näheres zu sagen sein.
Als zeitnahes Beispiel einer immer wieder diskutierten Verhältnisgröße sei etwas näher auf den ebenen Winkel eingegangen. Es liegt hier gleichzeitig der unbefriedigende und für viele Mißverständnisse kennzeichnende Fall vor, daß das Objekt und die physikalische Größe an diesem Objekt dieselbe Benennung erhalten haben. Ein ebener Winkel ist einerseits als Objekt das Gebiet zwischen zwei sich schneidenden Geraden, wird aber andererseits als Größe definiert durch das Verhältnis Bogen zu Radius eines Kreisausschnittes. Man will dabei aber nicht wissen, das Wievielfache des Halbmessers der Bogen beträgt, sondern mit dem Quotienten einen Ausdruck für die gegenseitige Neigung der Geraden schaffen. Es liegt also eine echte Größe vor, die ein meßbares Merkmal des Objektes Winkel ist. Die Dimension des Winkels ergibt sich zu Länge/Länge, $\langle l \rangle \cdot \langle l \rangle^{-1}$, die aber gemäß den schon gemachten Ausführungen nicht gleich $\langle l \rangle^0$ oder 1 gesetzt werden darf.

2.7. Basisgrößen, abgeleitete Größen, Basiseinheiten, abgeleitete Einheiten

Aufgabe der Physik ist es, das Naturgeschehen zu erforschen und in so weit wie möglich eindeutiger Form zu beschreiben. Dazu eignen sich in vorzüglicher Weise die Größengleichungen, und zwar in der Form der Proportionalitäten. Vor der Suche nach einem vermuteten Naturgesetz müssen aber die wahrscheinlich in das Gesetz eingehenden Größen bekannt sein. Wie kommt man nun zu diesen Grundgrößen? Offenbar wieder und einzig und allein über die Erfahrung einer Naturbefragung. Eine erste solche Grundgröße ist sicher die Länge, die als Form unserer Anschauung als von allen anderen Erfahrungen unabhängige Entität einfach da ist und zur Kenntnis genommen werden muß. Sinngemäß verhält es sich mit der Zeit. Hat man Länge und Zeit einmal akzeptiert, dann kann man an Stelle des Quotienten Länge/Zeit nunmehr willkürlich die neue Größe Geschwindigkeit setzen und ihr ein eigenes Größensymbol geben. Für den Begriff Geschwindigkeit benötigt man keine weitere Größe neben den beiden Grundgrößen. Man nennt solche Größen im Gegensatz zu den Grundgrößen *abgeleitete Größen*. Definitionen liefern *immer* abgeleitete Größen.
Etwas Sinngemäßes gilt aber auch von Proportionalitäten, wie das weitere Beispiel

zeigen soll. Die nächste Erfahrung, die man neben Länge und Zeit und unabhängig von diesen machen mag, ist die Kraft. Sie ist unmittelbar fühlbar, wenn zum Beispiel ein schwerer Körper gehoben wird. Man kann sie aber über die bis dahin bekannten Grundgrößen Länge und Zeit nicht beschreiben und muß sie daher als dritte Grundgröße zur Kenntnis nehmen. Mit den jetzt zur Verfügung stehenden drei Grundgrößen kann bereits das vermutete dynamische Grundgesetz über ein Experiment gewonnen werden. Man stellt nämlich fest, daß an Körpern angreifende Kräfte F den Körpern Beschleunigungen a erteilen und daß diese den Kräften proportional sind. Das gefundene Naturgesetz mußte also lauten

$$F = m \cdot a \tag{1}$$

mit m als Proportionalitätsfaktor, der, wie es im Abschnitt 2.4. erläutert wurde, eine physikalische Größe ist. Schreibt man die Gleichung in der Form

$$m = \frac{F}{a} \tag{2}$$

so erscheint m wieder als abgeleitete Größe, die nach erfolgter Beurteilung den Namen Masse erhalten hat. Zu ihrer Einführung war keine vierte Grundgröße notwendig.
Man hätte auch als dritte Grundgröße die Masse wählen können, wenn vielleicht die Trägheitseigenschaft der Körper vor der Krafterfahrung apperzipiert worden wäre. Man hätte dann die Proportionalität

$$a = \frac{K}{m}$$

festgestellt, mit dem Proportionalitätsfaktor K. Beim Deutungsversuch von K wäre man dann auf die Größe gekommen, die man Kraft genannt hätte. In diesem Falle wäre die Kraft eine abgeleitete Größe.
Falsch wäre es, wenn man mit dem heutigen Vorrat an Größen etwa den Ansatz

$$F = k \cdot m \cdot a$$

gemacht hätte, zufolge der „Erfahrung", daß die Kraft der Masse und der Beschleunigung proportional ist. Der Fehler läge darin, daß bei der Erstaufstellung des Gesetzes die Kraft oder die Masse noch gar nicht bekannt war, daß aber nach der Kenntnisnahme einer dieser Größen ja schon die Beziehung (1) oder (2) gefunden war.
Es läßt sich nun zeigen, daß für die Darstellung aller Gesetze eines abgeschlossenen Gebietes eine determinierte Anzahl von Grundgrößen notwendig und hinreichend ist, wobei es zunächst noch grundsätzlich frei bleibt, welche Größen hierfür gewählt werden. Sie müssen natürlich unabhängig voneinander sein.
Die *gewählten* Grundgrößen charakterisieren ein Größen*system*; sie werden *Basisgrößen* des Systems genannt. Die Basisgrößen eines Systems sind also die für das System gewählten Grundgrößen.
Für die Einheiten gelten die gemachten Ausführungen sinngemäß. Es gibt auch dort *Basiseinheiten* und *abgeleitete Einheiten*. Es besteht aber doch ein Unterschied. Einheitengleichungen dienen ja nicht zur Darstellung physikalischer Zusammenhänge,

sondern zur Niederschrift bestehender Beziehungen oder getroffener Definitionen zwischen Einheiten. Meist hat dann die Einheitengleichung die Form, daß links vom Gleichheitszeichen die zu definierende oder die für einen bestimmten Fall gewählte Einheit steht, während rechts ein Potenzprodukt von Einheiten aufscheint, das aus Basis- oder anderen Einheiten bestehen kann. Auf der rechten Seite steht also eigentlich gar keine Einheit, sondern etwa eine Anleitung, wie die wirkliche Einheit der Größe der linken Seite über andere Einheiten gewonnen werden kann, also eine Art Hinweis auf den Meßvorgang oder das Meßverfahren. Das Potenzprodukt auf der rechten Seite der Einheitengleichung wird *Einheitenterm* genannt. Es darf nicht vergessen werden, daß nach Definition die Einheit einer Größe eine Größe gleicher Art ist. Der Einheitenterm ist aber keine solche Größe, sondern eine Konstruktion aus verschiedenen anderen Einheiten. Die Einheit eines Winkels muß also zunächst ein Winkel und die Einheit einer Arbeit eine Arbeit sein. Die Einheitengleichung sollte also genaugenommen nur in der einen Richtung von der Einheit zum Einheitenterm gelesen werden. Es kann durchaus vorkommen, daß zwei verschiedenartige Größen den gleichen Einheitenterm haben.
Die Einheit der Arbeit (oder Energie) ist das Joule, das nach der Einheitengleichung

$$1\ \mathrm{J} = 1\ \mathrm{N} \cdot 1\ \mathrm{m} \qquad \text{(exakt } 1\ \mathrm{J} = \rangle\ 1\ \mathrm{N} \cdot 1\ \mathrm{m}\text{)}$$

aus den Einheiten Newton und Meter abgeleitet wurde. Nicht jedes Produkt aus Newton und Meter führt aber zu der Arbeitseinheit Joule. Es könnte sich zum Beispiel um ein Drehmoment handeln. Führt die Rechnung auf ein Einheitenpotenzprodukt, so kann also aus diesem nicht ohne weiteres auf eine Einheit geschlossen werden. Es muß vielmehr erst untersucht werden, ob die Art der errechneten Größe der vermuteten Einheit entspricht.
Nicht alle Größen haben speziell benannte Einheiten. Fehlt in einem besonderen Fall der Name für die Einheit, dann kann ein Einheitenterm vertretungsweise einspringen. So hat beispielsweise die elektrische Feldstärke keinen eigenen Einheitennamen. Man behilft sich mit den Einheitentermen

$$[E] = \mathrm{V} \cdot \mathrm{m}^{-1} = \mathrm{N} \cdot \mathrm{C}^{-1} = \mathrm{J} \cdot \mathrm{C}^{-1} \cdot \mathrm{m}^{-1}$$

Meist spricht man in solchen Fällen aber auch von der Einheit der Größe, soll sich aber bewußt bleiben, daß der Einheitenterm kein vollwertiger Ersatz für die Einheit der Größe ist. Wo Einheitenterme zu verschiedenen Einheiten gehören können, sollte man sich bemühen, eigene Namen für die Einheiten zu schaffen. Im SI werden bedauerlicherweise Einheiten und Einheitenterme gleichgestellt; Einheitenterme gelten dort also auch als Einheiten.
Von den Dimensionen wurde bereits gesagt, daß sie sich wie allgemeine Einheiten ohne Ausmaß verhalten. Es ist demnach zu erwarten, daß für sie ähnliche Probleme wie die oben beschriebenen bestehen. Tatsächlich muß man auch hier zwischen der linken und der rechten Seite einer Dimensionengleichung unterscheiden. Auf der linken Seite sollte eigentlich die Aufforderung stehen, die Wesensart der durch das

Größensymbol gekennzeichneten Größe in Verbindung zu bringen mit den Wesensarten der auf der rechten Seite genannten Größen. Die Gleichung

$$\langle G\rangle = \langle A\rangle^{\alpha}\ \langle B\rangle^{\beta}\ \langle C\rangle^{\gamma} \cdots$$

steht also für die Aufforderung, die Dimension der Größe G zu nennen. Demnach wäre nur das Potenzprodukt auf der rechten Seite der Gleichung mit Dimension zu benennen, während man den Einzelausdruck $\langle G\rangle$ am besten als *Art* der Größe bezeichnet. Exakt wäre also zu sagen: Die Größe G ist eine Größe der Art $\langle G\rangle$ und hat die Dimension $\langle A\rangle^{\alpha}\ \langle B\rangle^{\beta}\ \langle C\rangle^{\gamma} \cdots$. Zum Beispiel ist das Gewicht G eine Größe von der Art einer Kraft

$$\langle G\rangle = \langle F\rangle$$

mit der Dimension

$$\langle G\rangle = \langle m\rangle\ \langle a\rangle = \langle m\rangle\ \langle l\rangle\ \langle t\rangle^{-2}$$

nämlich Masse $\times$ Beschleunigung oder Masse $\times$ Länge $\times$ Zeit^{-2}. Jede Größe hat also nur *eine*, ihr eigentümliche Größen*art*, kann jedoch im allgemeinen durch mehrere Dimensionenausdrücke beschrieben werden, die aber natürlich nicht unabhängig voneinander sind.

2.8. Urmaße, Naturmaße, Prototype

Die Benennung einer Basiseinheit ist zunächst noch völlig inhaltsleer. Solange man nicht weiß, wie lang ein Meter ist, sagt der Name Meter nichts aus. Seine Länge muß also von irgendwo hergenommen werden. Es geschieht dies durch Abnahme an einer Größe gleicher Art, die auf der Erde oder in der Natur möglichst unverändert bleibend und stets zugänglich an einem Objekt vorkommt und zur Verfügung steht. Man nennt diese Bezugsgrößen *Urmaße*. Da naturgemäß die Forderung nach einer nach menschlichem Ermessen absoluten Unveränderlichkeit besteht, wählt man heute bevorzugt Naturkonstanten oder aus ihnen ableitbare Größen als Urmaße. Diese heißen dann *Naturmaße*. Die Wahl fällt dabei auf solche Größen, die mit der größtmöglichen Genauigkeit die Basisgrößen abzunehmen gestatten. Man nimmt dazu auch schwierigste Einrichtungen und Verfahren in Kauf, da die einschlägigen Eichungsarbeiten nur auf wenige staatliche Großanstalten beschränkt bleiben, aber die Genauigkeit auf die höchste Spitze getrieben werden soll.
Um auch für laufende Zwecke Vergleichs- und Eichmöglichkeiten zu haben, hat man von Urmaßen körperliche Nachbildungen geschaffen, die *Prototype* genannt und an bestimmten Orten aufbewahrt werden. So hat man seinerzeit als Längenprototyp das im Pavillon de Breteuil bei Paris aufbewahrte sogenannte Urmeter verwendet. Dieses verkörperte mit der zwischen zwei Strichen eines Stabes aus einer Legierung von 90 % Platin und 10 % Iridium bei 0 °C gemessenen Länge die Einheit Meter. Seit 1960 wurde auch dieses Prototyp durch ein Naturmaß ersetzt. Die dem SI zugrunde liegenden Urmaße werden im Abschnitt 3.1. beschrieben.

2.9. Grad des Maßsystems

Nach den Ausführungen des Abschnittes 2.7. über die Art und Weise, wie man zu Grundgrößen kommt, ist unmittelbar zu erkennen, wieviel Grundgrößen ein Maßsystem haben muß. Offenbar ist es so, daß der Mensch jedesmal, wenn ihn die Erfahrung zwingt, eine neue Erscheinung, die als Größe angesehen werden kann, zur Kenntnis zu nehmen, er diese Größe als Grundgröße anerkennen muß, wenn der Versuch, sie aus anderen bis dorthin bekannten Größen abzuleiten, fehlschlägt. Diese Überlegung führt zu einer exakten Gleichung für die notwendige Anzahl der Grund- und damit auch der Basisgrößen.

Bei Definitionen wird aus einer Anzahl bereits bekannter Größen eine neue Größe abgeleitet. Das kann beliebig oft wiederholt werden und liefert kein Kriterium für die Anzahl der notwendigen Grundgrößen. Zu jeder neu definierten Größe liegt ja eine Gleichung vor, so daß keine weitere Grundgröße benötigt wird. Anders ist es bei den Naturgesetzen. Diese liefern die ersten Gleichungen zwischen physikalischen Größen. Auch hier kann eine der Größen – meist wird es die Naturkonstante sein – aus den anderen dargestellt werden. Diese anderen müssen aber bekannt sein, und sofern sie es nicht sind, eben als Grundgrößen anerkannt werden.

Liegen also in einem abgeschlossenen physikalischen Gebiet n durch Befragung der Natur im Experiment gewonnene unabhängige Naturgesetze vor und enthalten diese zusammen m voneinander unabhängige Größen, dann müssen offenbar

$$g = m - n \tag{1}$$

Größen zu Grundgrößen erklärt werden. Man nennt g den *Grad* des Maßsystems. Wenn im Laufe der Zeit eine weitere Proportionalität gefunden wird, die nur den Proportionalitätsfaktor als noch unbekannte Größe enthält, dann trägt diese Gleichung nicht zu einer Erhöhung des Grades des Maßsystems bei, da sowohl die Anzahl m der beteiligten Größen als auch die Anzahl n der Gleichungen um eins erhöht wurde, ihre Differenz also gleichbleibt.

Als Beispiel sei das abgeschlossene Gebiet der Elektromagnetik angeführt. Die beschreibenden Grundgesetze sind die beiden MAXWELLschen Gleichungen

$$\operatorname{rot} \boldsymbol{H} = \varkappa \boldsymbol{E} + \varepsilon \frac{\partial \boldsymbol{E}}{\partial t}$$

$$\operatorname{rot} \boldsymbol{E} = -\mu \frac{\partial \boldsymbol{H}}{\partial t}$$

Sie enthalten die sechs unabhängigen Größen Länge (in der rot-Funktion), Zeit, magnetische Erregung, elektrische Feldstärke, Leitfähigkeit und elektrische oder magnetische Feldkonstante (nur eine darf gewählt werden, da die zweite über die Lichtgeschwindigkeit von der ersteren abhängt). Der Grad des Maßsystems der Elektromagnetik ist also $g = 6 - 2 = 4$, es ist ein *Vierersystem*. Es wäre falsch, zu versuchen, mit drei Grundgrößen auszukommen oder etwa fünf Grundgrößen einzuführen. Die Ansicht, daß der Grad eines Maßsystems frei gewählt werden dürfte und hierfür lediglich Zweckmäßigkeitsgründe maßgebend wären, negiert den Zwang der Natur, die sich nicht um menschliche Zweckmäßigkeiten kümmert.

Es kann allerdings vorkommen, daß im Laufe der Entwicklung und Vervollständigung unserer Kenntnisse eine Abhängigkeit zwischen zwei Größen erkannt wird, die bislang als unabhängig voneinander angesehen wurden. Dann erniedrigt sich nur m und damit auch g um eins, und man ist gezwungen, eine der bisher verwendeten Grundgrößen als solche zu streichen.

Was geschieht nun überhaupt, wenn man zu wenig oder zu viel Grundgrößen gewählt hat, wie es in der Vergangenheit aus Unkenntnis der Zusammenhänge geschehen ist und zum Teil auch heute noch gehandhabt wird?

Der erste Fall brachte in der Entwicklungszeit der Elektrotechnik große Schwierigkeiten und teilweise groteske Auffassungen über das Wesen einzelner Größen. Entstanden ist die Verwirrung aus der Meinung, auch die elektrischen Erscheinungen mechanisch erklären zu müssen. Der Ausgangspunkt war das COULOMBsche Gesetz

$$F = K_e \frac{Q_1 Q_2}{r^2} \tag{2}$$

für die Kraft F, mit der sich zwei elektrische Ladungen Q_1 und Q_2 beeinflussen, die sich in einem Abstand r voneinander befinden. Die über das Experiment gefundene Gleichung wurde zunächst einwandfrei als Proportionalität mit einem Proportionalitätsfaktor K_e angeschrieben. Nun wurde aber wie folgt weiter geschlossen: In der Gleichung sind zwei Faktoren unbekannt, nämlich die elektrische Ladung Q und die Konstante K_e. Bringt man K_e zum Verschwinden, dann erhält man eine Definitionsgleichung für die Ladung. In Unkenntnis der Einsichten der Größenlehre und über eine nicht erkannte Verwechslung zwischen Größe und Einheit setzte man $K_e = 1$ und definierte dann die Einheit der Ladung als jene Ladung, die auf eine gleich große, im Abstand von 1 Zentimeter befindliche mit einer Kraft von 1 Dyn wirkt. Damit war also K_e aus der Gleichung (2) fortgeschafft und für Q die Einheit

$$[Q] = \mathrm{cm} \cdot \sqrt{\mathrm{dyn}} = \mathrm{g}^{\frac{1}{2}} \cdot \mathrm{cm}^{\frac{3}{2}} \cdot \mathrm{s}^{-1}$$

gefunden, allerdings in einer Form, die jeder Vorstellung fremd ist, da die Wurzel aus einer Kraft natürlich undeutbar ist. Noch unmittelbarer zeigt dies die Dimension

$$\langle Q\rangle = \langle l\rangle \langle F\rangle^{\frac{1}{2}} = \langle m\rangle^{\frac{1}{2}} \langle l\rangle^{\frac{3}{2}} \langle t\rangle^{-1}$$

die auch sinnlose gebrochene Exponenten bei den Grundgrößen Masse und Länge aufweist.

Wäre man nach den Regeln der Größenlehre vorgegangen, hätte man durch Aufspalten der Größengleichung die beiden Gleichungen

$$[F] = [K_e]\,[Q]^2\,[r]^{-2} \tag{3}$$

und

$$\{F\} = \{K_e\}\,\{Q\}^2\,\{r\}^{-2} \tag{4}$$

erhalten, wobei der Einheitenkoeffizient $\xi = 1$ gewählt wurde. Legt man nun die

Einheiten Dyn, Zentimeter und $[Q] = [Q]_s$ ($[Q]_s$ vorläufig ohne Namen) fest[1]), so wird

$$\mathrm{dyn} = [K_e]_s \cdot \frac{[Q]_s^2}{\mathrm{cm}}$$

und daher

$$[K_e]_s = \frac{\mathrm{dyn} \cdot \mathrm{cm}^2}{[Q]_s^2} \tag{5}$$

Mit $\{K_e\} = 1$ aus der Gleichung (4) gilt jetzt allerdings

$$\{F\} = \frac{\{Q_1\}\,\{Q_2\}}{\{r\}^2} \tag{6}$$

Diese Gleichung ist jetzt aber keine Größen-, sondern eine Zahlenwertgleichung, bezogen auf die bestimmten Einheiten Dyn, Zentimeter und $[Q]_s$. Ihre Deutung als Größengleichung, was damals unbewußt geschah, war unzulässig. Als solche gilt nach wie vor die Gleichung (2), in der aber K_e den Wert

$$K_e = 1\,\frac{\mathrm{dyn} \cdot \mathrm{cm}^2}{[Q]_s^2}$$

hat.

Es muß auf noch eine weitere Folgerung hingewiesen werden. Wie jedem Lehrbuch (z. B. [4]) entnommen werden kann, ergibt die exakte Darstellung für die Proportionalitätskonstante K_e den Wert

$$K_e = \frac{1}{4\,\pi\,\varepsilon_0}$$

mit der Naturkonstanten ε_0 (elektrische Feldkonstante). Diese charakteristische Konstante ist jetzt in der Gleichung (6) verschwunden!

Weitere Verwirrung entstand noch dadurch, daß sich im elektrostatischen Dreiersystem verschiedenartige Größen gleichdimensional ergaben. So erscheint beispielsweise die Kapazität als Länge und ist in Zentimeter zu messen. Die Induktivität hatte die Dimension einer reziproken Beschleunigung usw. Zu allem Überfluß ging man im Gebiet des Magnetismus in gleicher Weise vor und hatte dann die größten Schwierigkeiten, das elektrostatische und das elektromagnetische System unter einen Hut zu bringen.

Man könnte meinen, daß man über diese verworrene Entstehungsgeschichte eines elektrischen Maßsystems heute hinweggehen könnte. Da aber die Dreiersysteme hin und wieder auch heute noch im Schrifttum herumspuken und wegen des Verständnisses älteren Schrifttums, sollte das Grundsätzliche dieses Problems angeschnitten werden. Im übrigen gibt es darüber ausreichende Veröffentlichungen [2], in denen auch die Umrechnungen von einem zum anderen System zu finden sind.

Zusammenfassend kann gesagt werden, daß in unterbestimmten Systemen (zu kleines g) unverständliche, gebrochene Dimensionsexponenten auftreten, Größen ver-

---

[1]) der Index s bezieht sich auf die seinerzeitige Bezeichnung elektrostatisch, mit der dieses System benannt wurde.

schiedener Art gleichgesetzt werden und wichtige, charakteristische Naturkonstanten verschwinden.

Heute noch bedeutungsvoll erscheint die Fehlentwicklung zu einem überbestimmten System (zu großes g), da nach Meinung des Verfassers auch das SI noch mit einer solchen belastet ist.

Dazu sei wieder ein Beispiel aus der Elektromagnetik gewählt. Das sogenannte Durchflutungsgesetz

$$\oint \boldsymbol{H}\,\mathrm{d}\boldsymbol{s} = \sum I \tag{7}$$

sagt aus, daß das auf einer geschlossenen Linie gebildete Umlaufintegral der magnetischen Erregung gleich ist der elektrischen Durchflutung, das ist die Summe der durch die von der Linie umrandete Fläche tretenden Ströme. Nun könnte man wie folgt argumentieren. Auf der linken Seite der Gleichung steht eine magnetische Größe, auf der rechten eine elektrische. Man wäre also nicht berechtigt, die beiden Größen gleichzusetzen, sondern darf nur ihre Proportionalität anschreiben. Es müßte also heißen

$$\oint \boldsymbol{H}\,\mathrm{d}s = \Gamma \sum I \tag{8}$$

wobei Γ eine universelle Naturkonstante ist, die den Zusammenhang zwischen den elektrischen und den magnetischen Erscheinungen beschreibt.

Die Gleichung (8) wäre zu rechtfertigen, wenn man zu ihr über ein Experiment gekommen wäre und vielleicht als Relikt aus der Zeit, in der der Magnetismus als neue, von der Elektrizität unabhängige, selbständige Disziplin angesehen wurde. Die Erregung $\boldsymbol{H}$ – die übrigens damals mit magnetischer Feldstärke bezeichnet wurde[1]) – wäre dann eine magnetische Größe gewesen. Inzwischen hat man aber den Zusammenhang zwischen den elektrischen und magnetischen Erscheinungen erkannt und die magnetische Erregung über

$$H = \frac{\sum I}{l}$$

geradezu als elektrische Größe definiert. Es war also kein Grund vorhanden, einen Proportionalitätsfaktor zu setzen, ja es wäre das sogar falsch, weil jetzt dem Gebiet eine Naturkonstante vorgespiegelt wird, die es gar nicht gibt.

Während man unterbestimmte Systeme am Dimensionenverhalten leicht erkennt, ist dies bei überbestimmten Systemen schwieriger. Man muß hier schon die Vermutung haben, daß eine bisher als unabhängig gegoltene Größe in Wirklichkeit aus anderen abgeleitet werden kann. Es bedarf dann natürlich auch einiger Überwindung, eine bisher verwendete „Naturkonstante“ abzuschreiben.

---

[1]) und leider vielfach auch heute noch (siehe [4])

2.10. Das Rechnen mit Größen

Es wurde schon des öfteren erwähnt, daß die Größenlehre mathematische Gleichungen verwendet, für die einige Unterschiede zur algebraischen Behandlung bestehen, weil hinter den Größengleichungen immer das physikalische Geschehen beachtet werden muß.
Vorerst wurde schon festgestellt, daß die niederen Rechenoperationen Addition, Subtraktion, Multiplikation, Division, Potenzieren und Radizieren formal wie in der Algebra erlaubt sind. Allerdings mit einer vorläufigen Einschränkung für Verhältnisgrößen, bei denen das Kürzen der gleichartigen Größen unzulässig ist. Das gilt natürlich auch für die Einheitenterme solcher Größen.
Anders verhält es sich beim Kürzen von Faktor zu Faktor bei einem Potenzprodukt, in dem auch Quotienten von Größen oder Einheiten vorkommen. Die Potenzprodukte stehen ja jetzt nicht mehr an Stelle der Größen oder Einheiten, sondern zeigen in algebraischer Form an, wie die Größe oder Einheit aus anderen ermittelt werden kann. Jede Teilgröße oder Teileinheit steht also für sich allein ohne Charakterisierung einer Zwischengröße. Das Kürzen von Faktor zu Faktor berührt daher nicht das physikalische Bild und darf somit adäquat zur Algebra bedenkenlos vorgenommen werden. Das führt vielleicht manchmal zu ungewohnten Verfahrensweisen, die aber allein eine exakte Darstellung verbürgen. Soll beispielsweise die Leistung bei einer Drehbewegung bestimmt werden, bei der das Drehmoment $M = 5\,\mathrm{N} \cdot \mathrm{m}$ und die Winkelgeschwindigkeit $\omega = 7\,\mathrm{rad} \cdot \mathrm{s}^{-1}$ beträgt, so ergibt sich

$$P = M\,\omega = 5\,\mathrm{N} \cdot \mathrm{m} \cdot 7\,\frac{\mathrm{rad}}{\mathrm{s}} = 35\,\frac{\mathrm{N} \cdot \mathrm{m}}{\mathrm{s}} \cdot \frac{\mathrm{m}}{\mathrm{m}} = 35\,\frac{\mathrm{N} \cdot \blacksquare}{\mathrm{s}} \cdot \frac{\mathrm{m}}{\blacksquare} = 35\,\frac{\mathrm{N} \cdot \mathrm{m}}{\mathrm{s}} = 35\,\mathrm{W}$$

Es darf m gegen m nur in der gezeigten Weise gekürzt werden, was hier allerdings zum gleichen Ergebnis führt, wie wenn man rad durch 1 ersetzen würde. Nicht immer liegt aber ein zweiter Faktor mit der gleichen Einheit wie beim Einheitenterm der Verhältnisgröße vor, weshalb man in diesem Fall die Einheit der Verhältnisgröße belassen muß, um ein einwandfreies Ergebnis zu erhalten. In der Praxis ist das aber meistens der Fall, so daß man, wenn man das voraussetzen kann, die Kürzung gewissermaßen vorwegnehmen und die Einheit der Verhältnisgröße vom Anfang der Rechnung an gleich 1 setzen kann.[1]) In der Tabelle am Ende des Buches sind bei diesen Einheiten die verkürzten Formen unter dem Vermerk „vereinfacht“ angeführt. Wenn die gekürzte Schreibweise im Bewußtsein angewandt wird, daß sie zur Vereinfachung der Rechnung, aber nicht zur Umdeutung der Größe dient, können kaum Irrtümer entstehen.
Mißverständnisse zeigen sich auch gerne bei der Anwendung von mathematischen Funktionen auf physikalische Größen. Hier wird meist nicht beachtet, daß dies gar nicht möglich ist. Mathematische Funktionen können nicht auf physikalische Größen,

---

[1]) In den meisten Normen wird daher auch beispielsweise rad = 1 gesetzt und rad damit nur als Hinweis zu einer Zahl aufgefaßt, um anzudeuten, daß die Zahl die Maßzahl eines Winkels ist.

sondern *nur* auf Zahlen angewendet werden. Der Logarithmus von 5 Volt ist sicher ein Unding; und ebenso kann der Sinus von 30 Grad nicht gebildet werden, obwohl eine solche Angabe geläufig ist. Hat man nämlich keine Logarithmentafel zur Hand, so muß man mit der Reihe

$$\sin\alpha = \frac{\alpha}{1!} - \frac{\alpha^3}{3!} + \frac{\alpha^5}{5!} - + \cdots$$

arbeiten. Was soll das aber jetzt sein? $(20°)^3$ oder $(20°)^5$, wo es doch keine Gradkuben usw. gibt? Natürlich ist in der obigen Gleichung unter α nicht der Winkel, sondern der Zahlenwert des Winkels gemeint. Es muß also

$$\sin\frac{\alpha}{\mathrm{rad}} \qquad \text{statt } \sin\alpha$$

geschrieben werden, weil die Reihenentwicklung nur für die Zahlenwerte gilt, die über die Einheit Radiant erhalten werden.[1]) Logarithmentafeln mit Winkelangaben in Grad sind so erstellt worden, daß man die Winkel vorerst auf die Einheit rad (früher sagte man Bogenmaß dazu) umgerechnet hat.

Auch bei der Bildung des Differentialquotienten einer Kreisfunktion macht die exakte Schreibweise keine Schwierigkeiten. Die elektrische Spannung an der stromdurchflossenen Induktivität schreibt sich exakt zu

$$u = L\frac{\mathrm{d}i}{\mathrm{d}t} = L\frac{\mathrm{d}}{\mathrm{d}t}\left(\hat{I}\sin\frac{\omega t + \varphi}{\mathrm{rad}}\right) = \frac{\omega}{\mathrm{rad}}\left(L\,\hat{I}\cos\frac{\omega t + \varphi}{\mathrm{rad}}\right)$$

Mit der Einheit $[\omega] = \frac{\mathrm{rad}}{\mathrm{s}}$ für die Kreisfrequenz fällt rad bei der Rechnung heraus, und man erhält die bekannte Form, als ob man rad = 1 gesetzt hätte.

Ein sehr umstrittener Fall, auf den etwas ausführlicher eingegangen werden muß, ist die Behandlung der Dämpfung als ein Beispiel einer „logarithmischen Größe". Er ist typisch dafür, daß die sture mathematische Darstellung allein nicht genügt, um ein physikalisches Verhalten eindeutig zu beschreiben. Auch in solchen Grenzfällen ist eine einwandfreie Größendarstellung möglich.

Ist bei einer Übertragung die Eingangsgröße G_1 und die Ausgangsgröße G_2 gleicher Art, so gibt der Quotient G_1/G_2 an, das Wievielfache der Ausgangsgröße die Eingangsgröße ist. Der Quotient ist also eine reine Zahl, von der man den Logarithmus bilden kann, der nun selbst wieder eine reine Zahl ist. Diese ist charakteristisch für das Ausmaß der Minderung, die die Größe G bei der Übertragung erfährt. Da diese Minderung durch die Einwirkung des Übertragungssystems zustande kommt und meßbar ist, kann sie als Kenngröße des Übertragungssystems angesehen werden. Aus Zweckmäßigkeitsgründen wird dabei aber nicht das Größenverhältnis selbst, sondern dessen Logarithmus verwendet und als Dämpfung bezeichnet. $\log(G_1/G_2)$ ist dann der Zahlenwert dieses als Größe angesehenen Merkmals des Übertragungssystems, dem – um zur Größe zu werden – noch eine Einheit zugelegt werden muß.

---

[1]) Wenn man weiß, was man tut, kann man natürlich auch hier rad = 1 setzen und von vornherein für α nur den Zahlenwert des in rad gemessenen Winkels verwenden.

Die Einheit liegt vor, wenn der Zahlenwert, also der Logarithmus, 1 ist. Je nachdem, welcher Logarithmus gewählt wurde, erhält man auf diese Weise verschiedene Einheiten. Die Einheit bei Wahl des natürlichen Logarithmus, die den Namen *Neper* und das Einheitenzeichen Np erhalten hat, liegt vor, wenn $G_1/G_2 = \mathrm{e}$ ist. Bei Anwendung des dekadischen Logarithmus erhält man mit $G_1/G_2 = 10$ eine Einheit, die den Namen *Bel* und das Einheitenzeichen B erhielt.
Es liegen nun grundsätzlich mehrere Möglichkeiten der Darstellung vor. Wird als das wesentliche Merkmal des Übertragungssystems das Verhältnis $r = G_1/G_2$ angesehen, dann sind

$$a_\mathrm{n} = \ln \frac{G_1}{G_2} \cdot \mathrm{Np} \quad \text{und} \quad a_\mathrm{d} = \lg \frac{G_1}{G_2} \cdot \mathrm{B}$$

zwei Größen gleicher Art, da $\lg r$ und $\ln r$ über den Zahlenfaktor $\lg \mathrm{e}$ zueinander proportional sind. Es ist somit

$$r = \frac{G_1}{G_2} = \mathrm{e}^{\frac{a_\mathrm{n}}{\mathrm{Np}}} = 10^{\frac{a_\mathrm{d}}{\mathrm{B}}}$$

und daraus

$$a_\mathrm{d} = a_\mathrm{n} \lg \mathrm{e} \cdot \frac{\mathrm{B}}{\mathrm{Np}} = 0{,}4343\, a_\mathrm{n} \cdot \frac{\mathrm{B}}{\mathrm{Np}}$$

Nach dieser Deutung gehören also zum gleichen Verhältnis r die Dämpfungsgrößen $\{a_\mathrm{n}\} \cdot \mathrm{Np}$ und $\{a_\mathrm{d}\} \cdot \mathrm{B} = 0{,}4343\, \{a_\mathrm{n}\} \cdot \mathrm{B}$. Es ist also

$$\{a_\mathrm{d}\} = 0{,}4343\, \{a_\mathrm{n}\} \quad \text{und} \quad 1\,\mathrm{Np} = 0{,}4343\,\mathrm{B}$$

Die historische Entwicklung ist einen anderen Weg gegangen. Zunächst hat man nur den natürlichen Logarithmus verwendet und ihn lediglich auf Verhältnisse von Feldgrößen F (zum Beispiel elektrische Spannungen) angewandt. Es war also

$$a_F = \ln \frac{F_1}{F_2} \cdot \mathrm{Np}$$

wobei die Einheit mit Neper bezeichnet wurde. Später hat man nun auch die Dämpfung von Leistungs- und Energiegrößen P definiert, wobei man aber den dekadischen Logarithmus wählte und die Einheit mit Bel benannte. Es wurde jetzt

$$a_P = \lg \frac{P_1}{P_2} \cdot \mathrm{B}$$

und a_P von a_F artverschieden. Natürlich sind jetzt auch die Einheiten Neper und Bel von verschiedener Art und können nicht über eine Einheitengleichung ineinander übergeführt werden. Das Problem schien zunächst nicht so sehr schwierig, weil man meist die Dämpfung gar nicht als Größe ansah, sondern als Zahl und die Zusätze Neper und Bel nur als Merkmale zur Erinnerung daran, welchen Logarithmus man verwendet hat.

Für die praktischen Anwendungen kommen nun in erster Linie Übertragungen in Frage, bei denen sich die Energiegrößen (z. B. elektrische Leistungen) zueinander verhalten wie die Quadrate der zugehörigen Feldgrößen (z. B. elektrische Spannungen)

$$\frac{P_1}{P_2} = \left(\frac{F_1}{F_2}\right)^2 \tag{1}$$

In diesem Fall ergibt sich

$$a_P = \lg \frac{P_1}{P_2} \cdot \mathrm{B} = 2 \lg \frac{F_1}{F_2} \cdot \mathrm{B} = 2 \lg \mathrm{e}^{\frac{a_F}{\mathrm{Np}}} \cdot \mathrm{B} = 2 \frac{a_F}{\mathrm{Np}} \lg \mathrm{e} \cdot \mathrm{B} = 0{,}8686\, a_F \cdot \frac{\mathrm{B}}{\mathrm{Np}} \tag{2}$$

Erfährt also an einem Übertragungssystem die Feldgröße eine Dämpfung vom Betrag $\{a_F\} \cdot \mathrm{Np}$, so ist am selben Objekt die Dämpfung der Energiegröße bei Vorhandensein der Bedingung (1) $\{a_P\} = 0{,}8686 \{a_F\} \cdot \mathrm{B}$.
Damit besteht die Zahlenwertgleichung

$$\{a_P\} = 0{,}8686 \{a_F\} \tag{3}$$

wohingegen für die Einheiten genaugenommen nur die Entsprechung

$$1\ \mathrm{Np} \triangleq 0{,}8686\ \mathrm{B}$$

gesetzt werden dürfte. Die Gepflogenheit, das Bel gegenüber dem Neper zu bevorzugen, hat schließlich dazu geführt, auch das Bel als Einheit für Feldgrößendämpfungen einzuführen, was zu Mißverständnissen führen mußte, weil Widersprüche zur Größenrechnung entstanden.
Man hat sich schließlich auf die Beziehung

$$1\ \mathrm{Np} = 2 \lg \mathrm{e} \cdot \mathrm{B} = 0{,}8686 \cdot \mathrm{B} \tag{4}$$

geeinigt, in der Np und B als gleichartig und gleichberechtigt erscheinen.[1]) Es gilt jetzt nach dieser Übereinkunft

$$\left.\begin{aligned} a_P &= \lg \frac{P_1}{P_2} \cdot \mathrm{B} = \frac{1}{2} \ln \frac{P_1}{P_2} \cdot \mathrm{Np} \\ a_F &= \ln \frac{F_1}{F_2} \cdot \mathrm{Np} = 2 \lg \frac{F_1}{F_2} \cdot \mathrm{B} \end{aligned}\right\} \tag{5}$$

also auch

$$\left.\begin{aligned} \{a_P\}_\mathrm{B} &= 0{,}8686 \{a_P\}_\mathrm{Np} \\ \{a_F\}_\mathrm{B} &= 0{,}8686 \{a_F\}_\mathrm{Np} \end{aligned}\right\} \tag{6}$$

Mit der Bedingung (1) wird noch

$$\{a_F\}_\mathrm{B} = \{a_P\}_\mathrm{B} = 0{,}8686 \{a_F\}_\mathrm{Np} = 0{,}8686 \{a_P\}_\mathrm{Np} \tag{7}$$

---

[1]) Allerdings wird dann eine der beiden Einheiten überflüssig.

Liegt nun in einem speziellen Fall das Größenverhältnis $r = G_1/G_2$ vor, dann ist die Dämpfung

$$a_P = \lg r \cdot \mathrm{B}, \quad \text{wenn } G \text{ Leistungsgrößen, und}$$

$$a_F = \ln r \cdot \mathrm{Np}, \quad \text{wenn } G \text{ Feldgrößen sind.}$$

In beiden Fällen kann man aber mit Hilfe von (4) Bel in Neper und umgekehrt umwandeln. Unabhängig von der gewählten Einheit ist $a_P = a_F$, nämlich

$$\left.\begin{aligned} a_F &= \ln \frac{F_1}{F_2} \cdot \mathrm{Np} = 2 \ln \mathrm{e} \ln \frac{F_1}{F_2} \cdot \mathrm{B} = \lg \frac{P_1}{P_2} \cdot \mathrm{B} \\ a_P &= \lg \frac{P_1}{P_2} \cdot \mathrm{B} = \frac{1}{2 \lg \mathrm{e}} \lg \frac{P_1}{P_2} \cdot \mathrm{Np} = \ln \frac{F_1}{F_2} \cdot \mathrm{Np} \end{aligned}\right\} \qquad (8)$$

Die Schwierigkeiten bei der Definition der Dämpfungsgrößen stammen letzten Endes von der mehr oder weniger künstlichen Bildung dieses Begriffes. Das „physikalische" Merkmal des Übertragungssystems ist die Minderung einer kennzeichnenden Größe G_1 auf G_2, ausgedrückt durch das Verhältnis G_1/G_2, nicht aber dessen Logarithmus. Auch bei einer Messung wird ja nicht der Logarithmus gemessen, und der übliche Vergleich zweier spezieller Werte ist in gewissem Sinne problematisch: was bedeutet es, wenn eine Dämpfung n-mal so groß ist wie eine andere? $\log r \cdot [a]$ ist eine Konstruktion, weshalb die Einheiten $[a]$ genaugenommen aus dem Einheitensystem herausfallen, wenn sie auch in gewissem Sinn den Charakter von Grundeinheiten haben, ohne daß aber von ihnen abgeleitete Einheiten gebildet werden.

3. Das System Internationaler Einheiten

3.1. Allgemeines

Das System Internationaler Einheiten mit der Kurzbezeichnung SI ist ein Siebenersystem mit den Basiseinheiten

Meter (Einheitenzeichen m) als Einheit für die Länge
Sekunde (Einheitenzeichen s) als Einheit für die Zeit
Kilogramm (Einheitenzeichen kg) als Einheit für die Masse
Kelvin (Einheitenzeichen K) als Einheit für die thermodynamische Temperatur
Ampere (Einheitenzeichen A) als Einheit für die elektrische Stromstärke
Mol (Einheitenzeichen mol) als Einheit für die Stoffmenge
Candela (Einheitenzeichen cd) als Einheit für die Lichtstärke.

Diese Basiseinheiten sind über folgende Urmaße definiert:

1. Die Wellenlänge der von Atomen des Nuklids ^{86}Kr beim Übergang vom Zustand $5d_5$ zum Zustand $2\,p_{10}$ ausgesandten und sich im Vakuum ausbreitenden Strahlung. Das 1650763,73fache dieser Wellenlänge ist das Meter.
2. Die Periodendauer der dem Übergang zwischen den beiden Hyperfeinstrukturniveaus des Grundzustandes von Atomen des Nuklids ^{133}Cs entsprechenden Strahlung. Das 9192631770fache dieser Periodendauer ist die Sekunde.
3. Das im Pavillon de Breteuil in Sèvres bei Paris aufbewahrte Internationale Kilogrammprototyp. Seine Masse ist das Kilogramm.
4. Die thermodynamische Temperatur des Tripelpunktes von Wasser. Der 273,16te Teil dieser Temperatur ist das Kelvin.
5. Die magnetische Feldkonstante als Naturkonstante im AMPÈREschen Gesetz. Danach ist 1 Ampere die Stärke eines zeitlich unveränderlichen elektrischen Stromes, der, durch zwei im Vakuum parallel im Abstand von 1 Meter voneinander angeordnete, geradlinige, unendlich lange Leiter von vernachlässigbar kleinem, kreisförmigem Querschnitt fließend, zwischen diesen Leitern je Meter Leiterlänge elektrodynamisch die Kraft von $0{,}2 \cdot 10^{-6}$ Newton hervorruft.
6. Die Stoffmenge eines Systems bestimmter Zusammensetzung, das aus ebenso vielen Teilchen besteht, wie Atome in 0,012 kg des Nuklids ^{12}C enthalten sind, ist das Mol.
7. Die Lichtstärke, mit der (1/600000) m^2 der Oberfläche eines Schwarzen Strahlers bei der Temperatur des beim Druck von 101325 Pascal erstarrenden Platins senkrecht zu seiner Oberfläche leuchtet, ist die Candela.

Das SI ist ein kohärentes System; in den Einheitengleichungen treten also an keiner Stelle Zahlenfaktoren ungleich 1 auf.

Häufig ergeben die SI-Einheiten unbequeme Zahlenwerte; es würden kleinere oder größere Einheiten benötigt werden. Man verwendet dann dezimale Vielfache oder Teile der SI-Einheiten, die durch Vorsätze zu den Einheiten als solche bezeichnet werden. Die Einheitenzeichen erhalten entsprechende Vorsatzzeichen. Die genormten Vorsätze mit ihren Dekadenzeichen können der folgenden Tabelle entnommen werden.

Vorsilbe	Vorsatzzeichen	Zehnerpotenz
Exa	E	10^{18}
Peta	P	10^{15}
Tera	T	10^{12}
Giga	G	10^{9}
Mega	M	10^{6}
Kilo	k	10^{3}
Hekto	h	10^{2}
Deka	da	10
Dezi	d	10^{-1}
Zenti	c	10^{-2}
Milli	m	10^{-3}
Mikro	μ	10^{-6}
Nano	n	10^{-9}
Piko	p	10^{-12}
Femto	f	10^{-15}
Atto	a	10^{-18}

Das Dekadenzeichen ist ohne Zwischenraum unmittelbar an das Einheitenzeichen zu setzen und bildet mit diesem zusammen eine neue Einheit. Es ist also beispielsweise

$$5\ \mathrm{hm}^3 = 5 \cdot (10^2\mathrm{m})^3 = 5 \cdot 10^6\mathrm{m}^3$$

Zusammengesetzte Vorsilben sind mehrdeutig und daher unzulässig. Man schreibe daher zum Beispiel nicht mμm, sondern nm.

Ein Relikt aus früheren Maßsystemen bildet das Kilogramm. Als Basiseinheit müßte es einen eigenen Namen ohne Vorsilbe haben. Da es aber aussichtslos erschien, an Stelle des Kilogramms eine andere Benennung einzuführen, hat man es belassen und übersieht gewissermaßen die Bedeutung der Vorsilbe. In Wirklichkeit bleibt sie aber das Zeichen für 10^3, obwohl das Kilogramm keine abgeleitete Einheit ist. Dagegen ist jetzt das Gramm zu einer abgeleiteten Einheit geworden, nämlich zum „Millikilogramm, g = m(kg)". Wegen des Verbotes, zusammengesetzte Vorsilben zu bilden, mußte dann für das 10^3fache des Kilogramm ein eigener Name gewählt werden. Es ist dies die bisher schon verwendete Tonne, $1\ \mathrm{t} = 10^3\ \mathrm{kg}$. Weitere Vielfache und Teile werden dann von der Tonne oder vom Gramm gebildet, wie etwa $1\ \mathrm{Mt} = 10^9\ \mathrm{kg}$ und $1\ \mathrm{mg} = 10^{-6}\ \mathrm{kg}$.

Mit Vorsätzen versehene Einheiten sind zu den übrigen SI-Einheiten nicht mehr kohärent, liegen also außerhalb des SI.

3.2. Die SI-Einheiten der Mechanik

Das Teilsystem des SI für die Mechanik ist ein Dreiersystem, das auf die Basiseinheiten Meter (m), Sekunde (s) und Kilogramm (kg) aufgebaut ist. Für die wichtigsten abgeleiteten Größen ergeben sich damit die in der Folge erläuterten (kohärenten) Einheiten und Einheitenterme.

1. Flächeninhalt

Die Fläche A hat die Dimension

$$\langle A \rangle = \langle l \rangle^2$$

Ein eigener Einheitenname wurde nicht festgelegt.
Der gebräuchliche Einheitenterm für den Flächeninhalt ist das Quadratmeter,

$$[A] = 1\ \mathrm{m}^2$$

Das Quadratmeter wird beispielsweise dargestellt durch den Flächeninhalt eines Quadrates mit 1 m Seitenlänge.

2. Rauminhalt, Volumen

Das Volumen V hat die Dimension

$$\langle V \rangle = \langle l \rangle^3$$

Ein eigener Einheitenname wurde nicht festgelegt.
Der gebräuchliche Einheitenterm für das Volumen ist das Kubikmeter,

$$[V] = 1\ \mathrm{m}^3$$

Das Kubikmeter wird beispielsweise dargestellt durch den Rauminhalt eines Würfels mit 1 m Kantenlänge.

3. Ebener Winkel

Der ebene Winkel φ hat die Dimension

$$\langle \varphi \rangle = \langle l \rangle\, \langle l \rangle^{-1}$$

Die Einheit des ebenen Winkels ist der *Radiant* (rad),

$$[\varphi] = 1\ \mathrm{rad} \quad \text{mit dem Einheitenterm } \mathrm{m} \cdot \mathrm{m}^{-1}$$

Der Radiant wird beispielsweise dargestellt durch den Winkel, dessen Bogenlänge auf einem aus dem Scheitel errichteten Kreis und dessen Kreishalbmesser die gleiche Länge haben.

Für die nicht kohärente, aber noch häufig verwendete Einheit Grad gilt

$$1^\circ = \frac{\pi}{180}\,\text{rad} = 0{,}017453\cdots\text{rad}$$

beziehungsweise

$$1\,\text{rad} = \frac{180}{\pi}\,\text{Grad} = 57{,}295\,78\cdots{}^\circ = 57^\circ 17' 44{,}8\cdots''$$

4. Raumwinkel

Der Raumwinkel Ω hat die Dimension

$$\langle \Omega \rangle = \langle A \rangle \langle l \rangle^{-2} = \langle l \rangle^2 \langle l \rangle^{-2}$$

Die Einheit des Raumwinkels ist der *Steradiant* (sr),

$$[\Omega] = 1\,\text{sr} \quad \text{mit dem Einheitenterm } \text{m}^2 \cdot \text{m}^{-2}$$

Der Steradiant wird beispielsweise dargestellt durch den Raumwinkel, der aus einer Kugel mit dem Radius von 1 m ein Kreisflächenstück von 1 m^2 herausschneidet.

Obwohl die Definition des ebenen und des räumlichen Winkels diese als abgeleitete Größen kennzeichnet, konnte sich die 11. Generalkonferenz für Maß und Gewicht nicht darüber einigen, ob diese Größen als Basis- oder abgeleitete Größen anzusehen sind. Man hat beschlossen, für sie im SI eine dritte Einheitenklasse aufzustellen, die „Ergänzenden Einheiten".

5. Geschwindigkeit

Die Geschwindigkeit v hat die Dimension

$$\langle v \rangle = \langle l \rangle \langle t \rangle^{-1}$$

Ein eigener Einheitenname wurde nicht festgelegt.

Der gebräuchliche Einheitenterm für die Geschwindigkeit ist das Meter durch Sekunde

$$[v] = 1\,\text{m} \cdot \text{s}^{-1}$$

Das Meter durch Sekunde wird beispielsweise dargestellt durch die Geschwindigkeit eines Körpers, der in 1 s den Weg von 1 m zurücklegt.

6. Winkelgeschwindigkeit

Die Winkelgeschwindigkeit ω hat die Dimension

$$\langle \omega \rangle = \langle \varphi \rangle \langle t \rangle^{-1}$$

Ein eigener Einheitenname wurde nicht festgelegt.

Der gebräuchliche Einheitenterm für die Winkelgeschwindigkeit ist der Radiant durch Sekunde

$$[\omega] = 1\,\text{rad} \cdot \text{s}^{-1} \quad \text{vereinfacht } 1\,\text{s}^{-1}$$

Der Radiant durch Sekunde wird beispielsweise dargestellt durch die Winkelgeschwindigkeit eines rotierenden Körpers, der in 1 s einen Drehwinkel von 1 rad durchläuft.

7. Umfangsgeschwindigkeit einer Drehbewegung

Die Umfangsgeschwindigkeit u einer Drehbewegung hat die Dimension

$$\langle u \rangle = \langle \omega \rangle \langle l \rangle = \langle \varphi \rangle \langle t \rangle^{-1} \langle l \rangle = \frac{\langle l \rangle}{\langle l \rangle} \langle t \rangle^{-1} \langle l \rangle = \frac{\langle l \rangle}{\blacksquare} \langle t \rangle^{-1} \blacksquare = \langle l \rangle \langle t \rangle^{-1}$$

also selbstverständlich die gleiche wie jede andere Geschwindigkeit.

Der gebräuchliche Einheitenterm ist also auch $[u] = 1\ \mathrm{m} \cdot \mathrm{s}^{-1}$.

8. Beschleunigung

Die Beschleunigung a hat die Dimension

$$\langle a \rangle = \langle v \rangle \langle t \rangle^{-1} = \langle l \rangle \langle t \rangle^{-2}$$

Ein eigener Einheitenname wurde nicht festgelegt.

Der gebräuchliche Einheitenterm der Beschleunigung ist das Meter durch Sekundenquadrat

$$[a] = 1\ \mathrm{m} \cdot \mathrm{s}^{-2}$$

Das Meter durch Sekundenquadrat wird beispielsweise dargestellt durch die Beschleunigung eines bewegten Körpers, dessen Geschwindigkeit in 1 s um $1\ \mathrm{m} \cdot \mathrm{s}^{-1}$ zunimmt.

Für die Beschleunigung des freien Falles wurde der Normwert (Normfallbeschleunigung)

$$g_n = 9{,}806\,65\ \mathrm{m} \cdot \mathrm{s}^{-2}$$

festgelegt. Die tatsächliche Fallbeschleunigung weicht hiervon im allgemeinen von Ort zu Ort geringfügig ab.

9. Winkelbeschleunigung

Die Winkelbeschleunigung α hat die Dimension

$$\langle \alpha \rangle = \langle \omega \rangle \langle t \rangle^{-1} = \langle \varphi \rangle \langle t \rangle^{-2}$$

Ein eigener Einheitenname wurde nicht festgelegt.

Der gebräuchliche Einheitenterm für die Winkelbeschleunigung ist der Radiant durch Sekundenquadrat

$$[\alpha] = 1\ \mathrm{rad} \cdot \mathrm{s}^{-2} \quad \text{vereinfacht } 1\ \mathrm{s}^{-2}$$

Der Radiant durch Sekundenquadrat wird beispielsweise dargestellt durch die Winkelbeschleunigung eines um eine Achse beschleunigt rotierenden Körpers, dessen Winkelgeschwindigkeit in 1 s um $1\ \mathrm{rad} \cdot \mathrm{s}^{-1}$ zunimmt.

10. Umdrehung, Periode, Teilchen, Valenzen

Umdrehung, Periode, Teilchen usw. sind Synonyme für die Zähleinheit Stück. Sie werden im SI nicht als solche beachtet, sondern durch die Zahl 1 ersetzt. Nur ein Vielfaches dieser Einheit, nämlich das Mol, wurde nicht nur in das System aufgenommen, sondern auch als Basiseinheit erklärt. Es erscheint wünschenswert, den Fall etwas näher zu betrachten.

Die Zählgrößen, das heißt besser die Größe „Anzahl", ist in der Tat etwas zwielichtig und kann wegen ihrer bisherigen unexakten Behandlung leicht mißdeutet werden. Zunächst ist sie ja wie jede Größe als Produkt aus einem Zahlenwert und einer Einheit darzustellen. Das zählbare Merkmal des Objektes ist hier die Eigenschaft, aus abzählbaren Teilen zu bestehen. Um hierfür eine Basiseinheit zu finden, wird ein Objekt zu suchen sein, das immer aus einer bestimmten Zahl von Teilen besteht. Im SI wurde dementsprechend das Nuklid ^{12}C gewählt und die Teilchenanzahl von $12 \cdot 10^{-3}$ kg desselben als Einheit Mol festgelegt. Dabei hat man, der historischen Entwicklung entsprechend, in erster Linie an die Molekularphysik und die Chemie gedacht und übersehen, daß für viele Zwecke und insbesondere auch bei einer Reihe von Definitionen die Kleinstteilchenzahl 1 Stück vorrangig wäre. Da die Teilchenanzahl von $12 \cdot 10^{-3}$ kg des Nuklids ^{12}C nach heutigen Kenntnissen $6{,}022\,045 \cdot 10^{23}$ (Stück) Teilchen ist, wäre die jetzt abgeleitete Einheit

$$1\ \text{Stück} = \frac{1}{\{N_A\}}\ \text{mol}$$

mit der AVOGADRO-Konstante

$$N_\text{A} = 6{,}022\,045 \cdot 10^{23}\ \text{mol}^{-1}$$

Wahrscheinlich wäre es besser gewesen, umgekehrt vorzugehen und das Mol als von der Basiseinheit Stück abgeleitete Einheit zu definieren. Vielleicht wäre es dann auch zu überlegen gewesen, ein „dekadisches" Mol, nämlich 10^{24} Stück, zu definieren, worauf 1949 bereits BODEA hingewiesen hat. Es ist auch zu beachten, daß das Mol in der jetzigen Definition gar keine unabhängige Basiseinheit ist, da es sich bei einer Änderung des Kilogramm mit ändern würde. Auch vertraut man offensichtlich der AVOGADRO-Konstanten nicht recht, denn dann hätte man ja gleich die Teilchenanzahl nennen können, statt auf ein Nuklid hinzuweisen.

Im SI wurde das Mol zwar als Basisgröße gewählt, es wird aber praktisch nur in der Teilchenphysik und in der Chemie verwendet, wo es sich um sehr große Anzahlen und um Mittelwertbildungen handelt. Andererseits besteht aber das Bedürfnis nach einer Mengeneinheit für kleine Anzahlen. Das hierfür geeignete Stück wurde nicht beachtet und gleich 1 gesetzt, obwohl es wieder abgeleitete, nicht kohärente Einheiten, wie das Paar, das Dutzend usw. gibt, bei deren Definition das Stück nicht entbehrt werden kann. In diesem Buch soll das Stück zunächst wie eine Basiseinheit betrachtet, dann aber im Sinne des SI wieder mit „vereinfacht" versehen gleich 1 gesetzt werden. Damit hofft der Verfasser gleichzeitig ein Höchstmaß an Verständlichkeit und trotzdem die reibungslose Einordnung in das SI erzielen zu können.

Es sei auf noch eine weitere Quelle für Mißverständnisse hingewiesen. Schreibt man die Größe Stoffmenge in der Form

$$n = \{n\}\,[n] = n_{\mathrm{St}} \cdot \text{Stück} = n_{\mathrm{mol}} \cdot \mathrm{mol},$$

so wird gerne die Größe n mit der Maßzahl n_{mol} verwechselt. Bei einer Quotientenbildung ist aber G/n eine neue, bezogene Größe mit der Dimension $\langle G\rangle\,\langle n\rangle^{-1}$, während G/n_{mol} eine Teilung von G bedeutet mit der Dimension $\langle G\rangle$. Die Verwechslungsgefahr ist um so naheliegender, wenn die Zähleinheit als Zahl 1 angesehen wird.
Die Einheiten der Umdrehung und der Periode sind

$$1 \text{ Stück Umdrehung} = 1 \text{ Umdrehung} = 1 \text{ U}$$

$$1 \text{ Stück Periode (Vollschwingung)} = 1 \text{ Periode} = 1 \text{ per}$$

Die Einheit einer Teilchenmenge ist

$$1 \text{ Mol} \equiv 1 \text{ mol} = \{N_A\} \text{ Stück Teilchen} \equiv \{N_A\} \text{ Teilchen}$$

11. Drehzahl (Umdrehungsfrequenz)

Die Drehzahl n ist definiert als die auf die Zeit bezogene Umdrehungszahl; sie ist also eigentlich eine Frequenz.
Ein eigener Einheitenname wurde nicht festgelegt.
Der gebräuchliche Einheitenterm für die Drehzahl ist die Umdrehung durch Sekunde,

$$[n] = 1 \text{ U} \cdot \mathrm{s}^{-1} \quad \text{vereinfacht } 1 \text{ s}^{-1}$$

Die Umdrehung durch Sekunde wird beispielsweise dargestellt durch die Drehzahl einer Welle, die in 1 s eine volle Umdrehung vollführt.
Drehzahl und Winkelgeschwindigkeit sind abhängig voneinander. Zu einer Umdrehung U gehört ein voller Winkel 2π rad.
Es besteht also die Proportionalität

$$1 \text{ U} = k \cdot 2\pi \text{ rad}$$

woraus

$$k = \frac{1}{2\pi}\,\frac{\text{U}}{\text{rad}}$$

folgt. Für $\{n\}$ Umdrehungen ist dann

$$\{n\}\,\text{U} = k \cdot 2\pi\,\{n\}\,\text{rad}$$

Dividiert man durch die Zeit t, die für die $\{n\}$ Umdrehungen vergeht, so wird

$$\frac{\{n\}\,\text{U}}{t} = k\,\frac{2\pi\,\{n\}\,\text{rad}}{t}$$

Links steht jetzt die Drehzahl n und rechts die k-fache Winkelgeschwindigkeit ω. Es ist also

$$n = k\,\omega = \frac{\varphi}{2\pi}\,\frac{\text{U}}{\text{rad}}$$

oder

$$\omega = 2\,\pi\,n\,\frac{\text{rad}}{\text{U}}$$

die exakte Beziehung zwischen Winkelgeschwindigkeit und Drehzahl.
Macht man von der Vereinfachung rad = U = 1 Gebrauch, so wird $\omega = 2\pi\,n$.

Für die Umfangsgeschwindigkeit einer Welle mit dem Durchmesser d wird exakt

$$u = \frac{d}{2}\,\omega = \frac{d}{2}\,2\,\pi\,n\,\frac{\text{rad}}{\text{U}} = d\,\pi\,n\,\frac{\text{rad}}{\text{U}}$$

12. Frequenz

Die Frequenz f einer periodischen Schwingung ist die auf die Zeit bezogene Periodenzahl σ; sie hat also die Dimension

$$\langle f\rangle = \langle\sigma\rangle\,\langle t\rangle^{-1}$$

Die Einheit der Frequenz ist das *Hertz* (Hz),

$$[f] = 1\ \text{Hz} \quad \text{mit dem Einheitenterm per} \cdot \text{s}^{-1}$$

Das Hertz wird beispielsweise dargestellt durch die Frequenz einer Schwingung, bei der in 1 s eine Vollschwingung (Periode) vollführt wird. In vereinfachter Darstellung mit per = 1 wird $[f] = 1\ \text{s}^{-1}$.

13. Kreisfrequenz

Die Kreisfrequenz ω hat die Dimension

$$\langle\omega\rangle = \langle\varphi\rangle\,\langle t\rangle^{-1}$$

Ein eigener Einheitenname wurde nicht festgelegt.
Der gebräuchliche Einheitenterm der Kreisfrequenz ist der Radiant durch Sekunde,

$$[\omega] = 1\ \text{rad} \cdot \text{s}^{-1} \quad \text{vereinfacht } 1\ \text{s}^{-1}$$

Der Radiant durch Sekunde wird beispielsweise dargestellt durch die Winkelgeschwindigkeit $1\ \text{rad} \cdot \text{s}^{-1}$ eines die harmonische Schwingung kennzeichnenden Drehvektors.
Der Zusammenhang zwischen Kreisfrequenz ω und Frequenz f ergibt sich zu

$$\omega = 2\,\pi\,f\,\frac{\text{rad}}{\text{per}}$$

Bei vereinfachter Darstellung ist $\omega = 2\pi\,f$.

14. Kraft, Gewicht

Die Kraft F hat die Dimension

$$\langle F\rangle = \langle m\rangle\,\langle l\rangle\,\langle t\rangle^{-2}$$

Die Einheit der Kraft ist das *Newton* (N),

$$[F] = 1\ \text{N} \quad \text{mit dem Einheitenterm kg} \cdot \text{m} \cdot \text{s}^{-2}$$

Das Newton wird beispielsweise dargestellt durch die Kraft, die einem Körper mit der Masse von 1 kg die Beschleunigung von $1\ \mathrm{m} \cdot \mathrm{s}^{-2}$ erteilt.
Das Gewicht eines ruhenden Körpers ist die Kraft, die er im leeren Raum auf seine Unterlage ausübt. Es ergibt sich als das Produkt aus der Masse des Körpers und der örtlichen Fallbeschleunigung. Es ist daher im allgemeinen von Ort zu Ort verschieden.
Dimension und Einheit des Gewichtes sind die der Kraft.

Das *Normgewicht* eines Körpers ist definiert durch das Produkt aus seiner Masse m und der Normfallbeschleunigung

$$g_n = 9{,}806\,65\ \mathrm{m} \cdot \mathrm{s}^{-2}$$

Zwischen dem Gewicht G an einem Ort mit der Fallbeschleunigung g und seinem Normgewicht G_n besteht die Beziehung

$$G = G_n \frac{g}{g_n}$$

15. Dichte

Die Dichte ϱ eines homogenen Körpers ist der Quotient aus seiner Masse und seinem Volumen. Ihre Dimension ist

$$\langle \varrho \rangle = \langle m \rangle \langle l \rangle^{-3}$$

Ein eigener Einheitenname wurde nicht festgelegt.
Der gebräuchliche Einheitenterm der Dichte ist

$$[\varrho] = 1\ \mathrm{kg} \cdot \mathrm{m}^{-3}$$

16. Impuls

Der Impuls p eines bewegten Körpers ist das Produkt aus seiner Masse und seiner Geschwindigkeit. Seine Dimension ist also

$$\langle p \rangle = \langle m \rangle \langle l \rangle \langle t \rangle^{-1}$$

Ein eigener Einheitenname wurde nicht festgelegt.
Der gebräuchliche Einheitenterm des Impulses ist

$$[p] = 1\ \mathrm{kg} \cdot \mathrm{m} \cdot \mathrm{s}^{-1}$$

17. Impulsmoment, Drehimpuls

Das Impulsmoment L eines bewegten Massenpunktes bezüglich eines Poles O ist das Vektorprodukt aus seinem Impuls und dem Fahrstrahl aus O. Seine Dimension ist daher

$$\langle L \rangle = \langle p \rangle \langle l \rangle = \langle m \rangle \langle l \rangle^2 \langle t \rangle^{-1}$$

und sein Einheitenterm

$$[L] = 1\ \mathrm{kg} \cdot \mathrm{m}^2 \cdot \mathrm{s}^{-1}$$

18. Trägheitsmoment

Das Trägheitsmoment J hat die Dimension

$$\langle J \rangle = \langle m \rangle \langle l \rangle^2$$

Ein eigener Einheitenname wurde nicht festgelegt.
Der gebräuchliche Einheitenterm des Trägheitsmomentes ist das Kilogrammeterquadrat,

$$[J] = 1 \text{ kg} \cdot \text{m}^2$$

Das Kilogrammeterquadrat wird beispielsweise dargestellt durch das Trägheitsmoment eines Massenpunktes mit der Masse von 1 kg, der im senkrechten Abstand von 1 m um eine Achse rotiert, oder durch das Trägheitsmoment einer Vollkugel mit der Masse 2,5 kg und dem Halbmesser von 1 m für eine durch den Mittelpunkt gehende Achse.

19. Drehmoment

Das Drehmoment M einer Kraft bezüglich einer Achse ist das Vektorprodukt aus der Kraft und dem Ortsvektor des Angriffspunktes der Kraft vom Bezugspunkt. Seine Dimension ist daher

$$\langle M \rangle = \langle F \rangle \langle l \rangle = \langle m \rangle \langle l \rangle^2 \langle t \rangle^{-2}$$

Ein eigener Einheitenname wurde nicht festgelegt.
Der gebräuchliche Einheitenterm des Drehmomentes ist das Newtonmeter

$$[M] = 1 \text{ N} \cdot \text{m}$$

20. Druck

Der Druck p ist der Quotient aus der auf eine Fläche senkrecht wirkenden Kraft, bezogen auf den Inhalt der Fläche.
Seine Dimension ist

$$\langle p \rangle = \langle F \rangle \langle A \rangle^{-1} = \langle m \rangle \langle l \rangle^{-1} \langle t \rangle^{-1}$$

Die Einheit des Druckes ist das *Pascal* (Pa),

$$[p] = 1 \text{ Pa} \quad \text{mit dem Einheitenterm N} \cdot \text{m}^{-2}$$

Das Pascal ist beispielsweise dargestellt durch den Druck, den die Kraft von 1 N auf eine Fläche von 1 m^2 ausübt.
In vielen Bereichen der Physik und Technik wird das Pascal als zu kleine Einheit empfunden; es besteht vor allem der Wunsch nach einer Einheit in der Nähe des Atmosphärendruckes. Für diese Fälle hat man sich international auf die nicht kohärente und daher außerhalb des SI stehende Einheit *Bar* (bar) geeinigt. Es gilt dann

$$1 \text{ bar} = 10^5 \text{ Pa} = 10^{-1} \text{ MPa}$$

Mit der früher gebräuchlichen Technischen Atmosphäre (at) besteht der Zusammenhang

$$1 \text{ at} = 0{,}980665 \text{ bar}$$

21. Dynamische Viskosität

Die dynamische Viskosität η hat die Dimension

$$\langle\eta\rangle = \langle F\rangle \langle A\rangle^{-1} \langle v\rangle^{-1} \langle l\rangle = \langle F\rangle \langle A\rangle^{-1} \langle t\rangle = \langle m\rangle \langle l\rangle^{-1} \langle t\rangle^{-1}$$

Ein eigener Einheitenname wurde nicht festgelegt.
Gebräuchliche Einheitenterme der dynamischen Viskosität sind

$$[\eta] = 1 \text{ Pa} \cdot \text{s} = 1 \text{ kg} \cdot \text{m}^{-1} \cdot \text{s}^{-1}$$

22. Kinematische Viskosität

Die kinematische Viskosität ν ist der Quotient aus der dynamischen Viskosität und der Dichte der strömenden Flüssigkeit. Ihre Dimension ist

$$\langle\nu\rangle = \langle\eta\rangle \langle m\rangle^{-1} \langle l\rangle^{3} = \langle l\rangle^{2} \langle t\rangle^{-1}$$

Ein eigener Einheitenname wurde nicht festgelegt.
Der gebräuchliche Einheitenterm der kinematischen Viskosität ist

$$[\nu] = 1 \text{ m}^2 \cdot \text{s}^{-1}$$

23. Arbeit, Energie

Die Arbeit und die Energie W haben die Dimension

$$\langle W\rangle = \langle F\rangle \langle l\rangle = \langle m\rangle \langle l\rangle^{2} \langle t\rangle^{-2} = \langle P\rangle \langle t\rangle$$

Die Einheit der Arbeit und der Energie ist das *Joule* (J),

$$[W] = 1 \text{ J} \quad \text{mit den Einheitentermen N} \cdot \text{m} = \text{W} \cdot \text{s}$$

Das Joule ist beispielsweise dargestellt durch die Arbeit, die die Kraft von 1 N längs eines Weges von 1 m verrichtet oder die auftritt, wenn eine Leistung von 1 W eine Sekunde lang aufgebracht wird.

24. Leistung

Die Leistung P hat die Dimension

$$\langle P\rangle = \langle W\rangle \langle t\rangle^{-1} = \langle F\rangle \langle l\rangle \langle t\rangle^{-1}$$

Die Einheit der Leistung ist das *Watt* (W),

$$[P] = 1 \text{ W} \quad \text{mit den Einheitentermen J} \cdot \text{s}^{-1} = \text{N} \cdot \text{m} \cdot \text{s}^{-1}$$

Das Watt ist beispielsweise dargestellt durch die Leistung, die bei einer in 1 s verrichteten Arbeit von 1 J aufgebracht wird.

3.3. Die SI-Einheiten der Thermik

1. Temperatur

Die Temperatur nimmt die Schlüsselstellung bei der physikalischen Deutung und Darstellung der Wärmeerscheinungen ein. Da sie nach Meinung des Verfassers zu Unrecht als Basisgröße in das SI aufgenommen wurde, muß auf diese Größe ausführlich eingegangen werden.

Befragt man das Schrifttum, so findet man, je nachdem ob die Definition der Temperatur aus dem Gesichtswinkel der historischen Skalendarstellung, der thermodynamischen oder der gaskinetischen Deutung oder der statistischen Physik versucht wird, sehr verschiedene Ansichten. Man ist versucht zu fragen, wieso denn bisher überhaupt eine brauchbare Theorie verwendet werden konnte. Man kann so im Schrifttum zu lesende Äußerungen über „zufällige“ Übereinstimmungen[1]) durchaus verstehen. Dieser Unsicherheit zum Trotz weist das moderne Schrifttum aber einhellig auf eine Fundamentalerkenntnis hin: es besteht Einigkeit darüber, daß die Temperatur der inneren Energie der Aufbauteilchen proportional, wenn nicht überhaupt ihr gleichzusetzen ist, in welch letzterem Falle sie auch in Energieeinheiten zu messen wäre. So kann man in [6], Seite 37 lesen: „Daraus folgt, daß die Temperatur die Dimension einer Energie hat und deshalb in Energieeinheiten, z. B. in erg, gemessen werden kann“, und anschließend: „Wir verabreden, daß wir im weiteren in allen Formeln die Temperatur als in Energieeinheiten gemessen verstehen. Für den Übergang bei numerischen Rechnungen zur in Grad gemessenen Temperatur genügt es, T einfach durch kT zu ersetzen[2]). Der ständige Gebrauch des Faktors k, dessen *einziger Zweck* darin besteht, an die verabredeten Maßeinheiten der Temperatur zu erinnern, würde *nur* die Formeln *komplizieren*“[3]). Ein zweites Zitat möge den Sachverhalt erhärten. In [7] heißt es auf der Seite 444 in deutscher Übersetzung: „Die Größe kT muß *offensichtlich* in Energieeinheiten wie Joule oder Elektronvolt ausgedrückt werden. ... Natürlich könnte man $k = 1$ setzen und die Temperatur unmittelbar in Energieeinheiten messen, was durchaus *einwandfrei* möglich wäre.“ Auf Seite 451 wird dann ausgesagt, daß „die mittlere kinetische Energie der Moleküle eines idealen, im statistischen Gleichgewicht befindlichen Gases der absoluten Temperatur des Gases proportional ist“. Ist der Proportionalitätsfaktor k aber gleich 1, dann ist die mittlere kinetische Energie der Temperatur *gleich*.

Es kann natürlich nicht Aufgabe dieses Buches sein, in ausführlicher Form auf die grundlegenden Erscheinungen der Wärmelehre einzugehen, auf Grund der Prinzipien der Größenlehre und einer wahrscheinlich früher oder später notwendig werdenden Überprüfung des SI in dieser Richtung erscheint es aber unerläßlich, das Problem Temperatur in einfachster, aber grundlegender Form anzureißen. Was zunächst

---

[1]) So steht zum Beispiel in [5], Seite 17 der Satz: „In diesem Sinne betrachten wir es als einen Zufall, daß die mit der Gasgleichung $p\,V_{\mathrm{M}} = R\,T$ eingeführte Temperaturskala gerade mit der Kelvin-Skala übereinstimmt.“

[2]) k ist die Boltzmann-Konstante, kT also von anderer Dimension als T!

[3]) Hervorhebungen vom Verfasser.

die Notwendigkeit anbelangt, die Temperatur als Basisgröße aufzufassen, so sei hier das Beispiel der Elektromagnetik vorweggenommen, weil dort zunächst die Fragestellung die gleiche war, aber eine richtige und daher auch leichter verständliche Schlußfolgerung gezogen wurde.

Wie im Abschnitt 2.7. ausgeführt wurde, ist man gezwungen, eine Grundgröße zur Kenntnis zu nehmen, wenn man an Hand einer Erfahrung auf eine Größe stößt, die sich nicht mit Hilfe der bis dahin bekannten Größen beschreiben läßt. Eine solche Größe war nach den ersten Erfahrungen mit elektrischen Erscheinungen die Elektrizitätsmenge. Man konnte feststellen, daß es eine für die elektrischen Erscheinungen maßgebliche Mengengröße gibt, die man von Objekten abnehmen und auf andere übertragen kann und von der man auch Vielfache von einer einmal festgestellten Menge bilden konnte. Man nannte die Größe Elektrizitätsmenge oder elektrische Ladung und nahm sie als vierte Grundgröße zu den drei mechanischen zur Kenntnis.

Man konnte jetzt im Gebiet der elektrischen Erscheinungen nach gesetzmäßigen Erfahrungen forschen und fand zum Beispiel, daß sich zwei Ladungen Q_1 und Q_2, die sich im Abstand r voneinander befanden, mit einer Kraft F beeinflussen, die den Ladungen direkt und dem Quadrat ihres Abstandes umgekehrt proportional ist. Dieses Grundgesetz lautet also

$$F = K_e \frac{Q_1 Q_2}{r^2} \tag{1}$$

wobei gemäß Abschnitt 2.4. ein Proportionalitätsfaktor gesetzt werden mußte, der eine Naturkonstante enthält.

Die Beziehung (1) konnte nur gefunden werden, wenn man die Entfernung r und die Ladungen Q versuchsweise ändern und die Auswirkung auf die Kraft F feststellen konnte.

Bei der Temperatur liegt der Fall nun wesentlich anders. Zwar schien es vorerst, daß man als Folge der Empfindungen kalt und warm eine neue Größe Temperatur zur Kenntnis nehmen müsse, die auf keine der bis dorthin bekannten Größen bezogen werden konnte. Ihre Erklärung zur Basisgröße in der Wärmelehre wäre damit allein aber noch nicht gerechtfertigt gewesen. Um sie tatsächlich als Größe weiterhin benutzen zu können, mußte nämlich sinngemäß zum Vorgang in der Elektrizitätslehre ein Erfahrungsgesetz gefunden werden, bei dem man die Abhängigkeit irgend einer Größe von anderen, einschließlich des neuen Temperaturbegriffes, in Form einer Proportionalität darstellen konnte. Was sollte es aber jetzt bedeuten, die noch unklare Temperatur auf den doppelten, dreifachen und n-fachen Wert zu erhöhen? Man konnte zwar feststellen, daß sich die Körper mit der Erwärmung ausdehnen, wer aber konnte sagen, mit welchen anderen Größen dies erfolgen sollte? Darüber hinaus erkannte man bald, daß die Wärme eine Form von mechanischer Energie ist, weshalb es eigentlich schwer verständlich sein mußte, einzelne oder alle ihrer Erscheinungen mit Hilfe nichtmechanischer Größen zu beschreiben.

Für das Verständnis des Kerns des Problems sei daher eine möglichst einfache Skizze zu einer Definition der Temperatur vorgelegt. Es muß Sache der einschlägigen Fachleute sein, die daraus gezogenen Schlüsse zusammen mit den zitierten Literaturstellen zu verwerten und ein berechtigtes physikalisches Gesamtbild von den Wärmeerscheinungen zu gestalten (siehe auch [8]).

Als Ausgangspunkt einer diesbezüglichen grundsätzlichen Überlegung sei die gaskinetische Ableitung des Druckes gewählt, der von einem in einem Gefäß eingeschlossenen Gas auf die Gefäßwände ausgeübt wird.[1]) Er ist die Folge des Anprallens der Gasmoleküle an die Wände des Gefäßes. In dem als Kugel angenommenen Gefäß mit dem Halbmesser r sollen sich $N = \{N\}$ Moleküle eines idealen Gases befinden. Haben diese die mittlere Geschwindigkeit c_m, so ist die kinetische Energie der Gasmenge $\{N\} \frac{m c_m^2}{2}$, wenn m die Masse eines Moleküls bedeutet. Bewegt sich nun ein Teilchen unter dem Winkel α (gegenüber dem Kugelhalbmesser) zur Gefäßwand und wird es dort elastisch reflektiert, so wirkt es beim Stoß auf die Gefäßwand mit einer Kraft, die der Impulsänderung $2 m c_m \cos\alpha$ entspricht. Da der Weg, den das Teilchen bis zum nächsten Stoß zurücklegt, $2 r \cos\alpha$ ist, errechnet sich die Zeit bis zu diesem mit $(2 r \cos\alpha)/c_m$. Es ist daher die Anzahl der Stöße in der Zeiteinheit $c_m/(2 r \cos\alpha)$ und somit die gesamte an der Innenfläche der Kugel wirksame Expansionskraft des Gases

$$F = \{N\} \frac{c_m}{2 r \cos\alpha} 2 m c_m \cos\alpha = \{N\} \frac{m c_m^2}{r}$$

Dividiert man durch die Fläche $4\pi r^2$ der Kugel, so erhält man für den Druck

$$p = \{N\} \frac{m c_m^2}{4 \pi r^3}$$

oder mit dem Volumen $V = \frac{4}{3} \pi r^3$ der Kugel

$$p = \{N\} \frac{m c_m^2}{3 V} = \frac{2}{3} \frac{\{N\}}{V} \frac{m c_m^2}{2}$$

Bringt man jetzt V auf die linke Seite der Gleichung, so wird

$$p V = \frac{2}{3} \{N\} \frac{m c_m^2}{2} \tag{2}$$

An Stelle des Gesamtvolumens der Kugel kann man auch mit dem Volumen v eines Mols des Gases rechnen. Sind in der Kugel insgesamt $n = \{n\}$ mol des Gases eingeschlossen, so ist das Molvolumen

$$v = \frac{V}{\{n\}}.$$

Die Gleichung (2) läßt sich dann umformen auf

$$p v = \frac{2}{3} \frac{\{N\}}{\{n\}} \frac{m c_m^2}{2} \tag{3}$$

Man kann sie auch in der Form

$$p v = \frac{2}{3} T \tag{4}$$

---

[1]) Die Darstellung ist so einfach wie möglich gehalten, um das für die SI-Kritik Wesentliche herauszuschälen. Zur exakten Beurteilung befrage man das Schrifttum (z. B. [5]).

schreiben, wenn man

$$T = \frac{\{N\}}{\{n\}} \frac{m c_m^2}{2} \tag{5}$$

substituiert. Die auf diese Weise definierte neue Größe T läßt sich leicht deuten. $\frac{m c_m^2}{2}$ ist die mittlere kinetische Energie der Gasmoleküle; mit $\frac{\{N\}}{\{n\}}$ multipliziert ergibt dies die mittlere Energie eines Mols des Gases (die Molenergie). Vergleicht man jetzt die Gleichung (4) mit der üblichen Schreibweise

$$p\,v = R\,T$$

so kann man (5) als neue Definition der Temperatur auffassen, während an Stelle von R die Zahl 2/3 erscheint. Die Temperatur ist also nichts anderes als die mittlere kinetische Energie der Moleküle eines Mols des Gases. Der Faktor 2/3 in der Zustandsgleichung idealer Gase (4) findet seine Erklärung als Zahlenfaktor, der aus der gaskinetischen Ableitung des Gasdruckes stammt und einen ebenso mathematisch bedingten Faktor darstellt wie etwa 1/2 in der Gleichung für die kinetische Energie. Die Gaskonstante der vierdimensionalen Darstellung ist verschwunden und damit auch ihre Deutung als „universelle Naturkonstante". Das konnte nach den Ausführungen des Abschnittes 2.9. auch nicht wundernehmen, da bei Einführung einer überzähligen Grundgröße, wie dort ausgeführt wurde, automatisch eine scheinbare Naturkonstante auftritt, der aber keinerlei physikalische Realität zukommt.
Im thermischen Dreiersystem hat also die Temperatur die Dimension Energie. Ihre Einheit wäre demnach das Joule. Die „Umrechnung" zum Kelvin ergibt sich aus der Entsprechung

$$R = 8{,}3143 \, \frac{\mathrm{J}}{\mathrm{K \cdot mol}} \triangleq \frac{2}{3}$$

zu

$$1\,\mathrm{K} = 12{,}47 \, \frac{\mathrm{J}}{\mathrm{mol}} \quad \text{beziehungsweise} \quad \frac{1\,\mathrm{J}}{\mathrm{mol}} \triangleq 8 \cdot 10^{-2}\,\mathrm{K}$$

wobei für R der im Vierersystem aufscheinende Wert verwendet wurde.

2. Wärmemenge, Wärme

Seit man erkannt hat, daß Wärme eine besondere Form der Energie ist, bestehen in ihrer Dimensionsdeutung keine Schwierigkeiten. Die Wärme hat die Dimension

$$\langle Q \rangle = \langle W \rangle$$

Ihre Einheit ist das *Joule* (J),

$$[Q] = 1\,\mathrm{J}$$

3. Wärmekapazität

Wird einem idealen Gas bei konstantem Volumen Wärme zugeführt, so dient diese allein zur Erhöhung seiner inneren Energie U, also auch seiner Temperatur. Der Energiezuwachs

$$\mathrm{d}\,U = \left(\frac{\partial U}{\partial T}\right)_v \cdot \mathrm{d}\,T$$

ist dann der zugeführten Wärme $\mathrm{d}Q$ gleich.

$$\left(\frac{\partial U}{\partial T}\right)_v = C_v$$

wird Wärmekapazität genannt. Sie hat im SI die Dimension

$$\langle C_v \rangle_{\mathrm{SI}} = \langle W \rangle \, \langle T \rangle^{-1}$$

und die Einheit

$$[C_v]_{\mathrm{SI}} = 1 \; \mathrm{J} \cdot \mathrm{K}^{-1}$$

Im Dreiersystem wäre

$$\langle C_v \rangle_3 = \langle W \rangle \, \langle W \rangle^{-1}$$

beziehungsweise

$$[C_v]_3 = 1 \; \mathrm{J} \cdot \mathrm{J}^{-1}$$

Bezieht man die Wärmekapazität auf die Masse des Gases, so erhält man die spezifische Wärmekapazität.
Im Dreiersystem gibt die Wärmekapazität das Verhältnis der zugeführten (aufgewendeten) Energie $\mathrm{d}Q$ zu jenem Teil $\mathrm{d}T$, der („nutzbar") zur Erhöhung der inneren Energie (Temperatur) verwendet wurde, an. Ihr Kehrwert ist also eine Art Wirkungsgrad für den Vorgang der Temperaturerhöhung.

4. Entropie

Die Entropie S wird im Schrifttum sehr verschiedentlich gedeutet und behandelt (siehe z. B. [5], [6], [7]). Sie hat im Inverersystem die Dimension

$$\langle S \rangle_4 = \langle S \rangle_{\mathrm{SI}} = \langle W \rangle \, \langle T \rangle^{-1},$$

im Dreiersystem die Dimension

$$\langle S \rangle_3 = \langle W \rangle \, \langle W \rangle^{-1} = 1,$$

was auch im Einklang mit der Definition steht, wonach die Entropie dem Logarithmus einer Zustandswahrscheinlichkeit ([7]) des statistischen Gewichtes ([6]) gleich ist.
Ein eigener Einheitenname wurde nicht festgelegt.
Der gebräuchliche Einheitenterm der Entropie ist

$$[S]_{\mathrm{SI}} = 1 \; \mathrm{J} \cdot \mathrm{K}^{-1}$$

beziehungsweise

$$[S]_3 = \mathrm{J} \cdot \mathrm{J}^{-1} = 1$$

3.4. Die SI-Einheiten der Elektromagnetik

Das Teilsystem des SI für die Elektromagnetik ist ein Vierersystem, das auf den Basiseinheiten Meter (m), Sekunde (s), Kilogramm (kg) und Ampere (A) aufgebaut ist. Als man noch glaubte, die elektrischen und die magnetischen Erscheinungen mechanisch erklären zu müssen, standen eine Reihe von Dreiersystemen im Gebrauch. Auch ein Fünfersystem ist verwendet worden. Dem Zweck des vorliegenden Buches entsprechend werden in der Folge nur die der Größenlehre entsprechenden SI-Einheiten aufgeführt; ihre Entsprechungen und Umrechnungen zu den Einheiten des elektrostatischen, des elektromagnetischen und des GAUSSschen Maßsystems können leicht dem Schrifttum[1]) entnommen werden.

1. Elektrizitätsmenge, elektrische Ladung

Die Elektrizitätsmenge Q hat die Dimension

$$\langle Q \rangle = \langle I \rangle \langle t \rangle$$

Die Einheit der Elektrizitätsmenge ist das *Coulomb* (C),

$$[Q] = 1\ \mathrm{C} \text{ mit dem Einheitenterm } \mathrm{A} \cdot \mathrm{s}$$

Das Coulomb ist beispielsweise dargestellt durch die Elektrizitätsmenge, die bei einem elektrischen Strom von der Stärke 1 A in 1 s durch den Querschnitt der Elektrizitätsströmung tritt.

2. Magnetische Erregung (magnetische Feldstärke)

Die magnetische Erregung H hat die Dimension

$$\langle H \rangle = \langle I \rangle \langle l \rangle^{-1}$$

Ein eigener Einheitenname wurde nicht festgelegt.
Der gebräuchliche Einheitenterm der magnetischen Erregung ist das Ampere durch Meter,

$$[H] = 1\ \mathrm{A} \cdot \mathrm{m}^{-1}$$

Das Ampere durch Meter wird beispielsweise dargestellt durch die magnetische Erregung einer stromdurchflossenen Spule von 1 m Länge, wenn ihre elektrische Durchflutung 1 A beträgt.

3. Elektrische Spannung

Die elektrische Spannung U hat die Dimension

$$\langle U \rangle = \langle W \rangle \langle Q \rangle^{-1} = \langle \Phi \rangle \langle t \rangle^{-1}$$

---

[1]) Zum Beispiel [2], wo auch die Schreibweise der Grundgleichungen in den erwähnten Maßsystemen und die Beziehungen zu den alten britischen Einheiten aufgenommen sind.

Die Einheit der elektrischen Spannung ist das *Volt* (V),

$$[U] = 1\ \mathrm{V} \quad \text{mit den Einheitentermen } \mathrm{J} \cdot \mathrm{C}^{-1} \text{ und } \mathrm{Wb} \cdot \mathrm{s}^{-1}$$

Das Volt wird beispielsweise dargestellt durch die Spannung, bei deren Durchlaufen eine elektrische Ladung von 1 C die Arbeit von 1 J abgibt oder aufnimmt.

4. Elektrische Feldstärke

Die elektrische Feldstärke E hat die Dimension

$$\langle E \rangle = \langle U \rangle \langle l \rangle^{-1} = \langle F \rangle \langle Q \rangle^{-1}$$

Ein eigener Einheitenname wurde nicht festgelegt.
Gebräuchliche Einheitenterme der elektrischen Feldstärke sind

$$[E] = 1\ \mathrm{V} \cdot \mathrm{m}^{-1} = 1\ \mathrm{N} \cdot \mathrm{C}^{-1}$$

Das Volt durch Meter wird beispielsweise dargestellt durch die Stärke eines homogenen elektrischen Feldes, in dem zwischen zwei in der Entfernung von 1 m befindlichen Punkten eine elektrische Spannung von 1 V besteht.

5. Magnetischer Fluß

Der magnetische Fluß Φ hat die Dimension

$$\langle \Phi \rangle = \langle U \rangle \langle t \rangle$$

Die Einheit des magnetischen Flusses ist das *Weber* (Wb),

$$[\Phi] = 1\ \mathrm{Wb} \quad \text{mit dem Einheitenterm } 1\ \mathrm{V} \cdot \mathrm{s}$$

Das Weber wird beispielsweise dargestellt durch den magnetischen Fluß, dessen Änderung in 1 s in einer den Fluß umschließenden Windung die Spannung von 1 V induziert.

6. Magnetische Flußdichte[1])

Die magnetische Flußdichte B hat die Dimension

$$\langle B \rangle = \langle \Phi \rangle \langle l \rangle^{-2}$$

Die Einheit der magnetischen Flußdichte ist das *Tesla* (T),

$$[B] = 1\ \mathrm{T} \quad \text{mit dem Einheitenterm } 1\ \mathrm{Wb} \cdot \mathrm{m}^{-2}$$

Das Tesla wird beispielsweise dargestellt durch die Flußdichte eines homogenmagnetischen Feldes, dessen Fluß durch die Fläche von 1 m² den Wert von 1 Wb hat.

---

[1]) Wegen ihres Feldstärkencharakters wäre die Benennung magnetische Feldstärke richtiger. Statt Flußdichte wird auch das Wort Induktion gebraucht.

7. Elektrische Flußdichte (Verschiebungsdichte)

Die elektrische Flußdichte D hat die Dimension

$$\langle D\rangle = \langle Q\rangle \langle l\rangle^{-2}$$

Ein eigener Einheitenname wurde nicht festgelegt.
Der gebräuchliche Einheitenterm der elektrischen Flußdichte ist das Coulomb durch Quadratmeter,

$$[D] = 1\ \mathrm{C}\cdot \mathrm{m}^{-2}$$

Das Coulomb durch Quadratmeter wird beispielsweise dargestellt durch die Dichte des elektrischen Flusses, der von der Fläche von 1 m^2 ausgeht, wenn diese die Ladung von 1 C trägt.

8. Elektrischer Widerstand

Der elektrische Widerstand R hat die Dimension

$$\langle R\rangle = \langle U\rangle \langle I\rangle^{-1}$$

Die Einheit des elektrischen Widerstandes ist das *Ohm* (Ω),

$$[R] = 1\ \Omega \text{ mit dem Einheitenterm } \mathrm{V}\cdot \mathrm{A}^{-1}$$

Das Ohm wird beispielsweise dargestellt durch den Widerstand eines Leiters, der von einem Strom von 1 A durchflossen wird, wenn man ihn an eine Spannung von 1 V legt.
Dimension und Einheit sind für alle Widerstände, den Wirk-, Blind- und Scheinwiderstand (Resistanz, Reaktanz und Impedanz) dieselben.

9. Spezifischer elektrischer Widerstand

Der spezifische elektrische Widerstand ϱ hat die Dimension

$$\langle \varrho\rangle = \langle R\rangle \langle A\rangle \langle l\rangle^{-1} = \langle R\rangle \langle l\rangle$$

Ein eigener Einheitenname wurde nicht festgelegt.
Der gebräuchliche Einheitenterm für den spezifischen elektrischen Widerstand ist das Ohmmeter,

$$[\varrho] = 1\ \Omega\cdot \mathrm{m}$$

Das Ohmmeter wird beispielsweise dargestellt durch den spezifischen Widerstand eines Drahtes, der bei der Länge von 1 m und dem Querschnitt von 1 mm^2 den elektrischen Widerstand von 1 MΩ hat.

10. Elektrischer Leitwert

Der elektrische Leitwert G hat die Dimension

$$\langle G\rangle = \langle U\rangle^{-1} \langle I\rangle$$

Die Einheit des elektrischen Leitwertes ist das *Siemens* (S),

$$[G] = 1\ \mathrm{S} \quad \text{mit den Einheitentermen } \mathrm{A} \cdot \mathrm{V}^{-1} \text{ und } \Omega^{-1}$$

Das Siemens wird beispielsweise dargestellt durch den Leitwert eines Leiters, der von einem Strom der Stärke 1 A durchflossen wird, wenn man ihn an eine Spannung von 1 V legt.
Dimension und Einheit sind für alle Leitwerte, den Wirk-, Blind- und Scheinleitwert (Konduktanz, Suszeptanz und Admittanz), dieselben.

11. Induktivität

Die Induktivität L hat die Dimension

$$\langle L\rangle = \langle \Phi\rangle \langle I\rangle^{-1} = \langle R\rangle \langle t\rangle$$

Die Einheit der Induktivität ist das *Henry* (H),

$$[L] = 1\ \mathrm{H} \quad \text{mit dem Einheitenterm } \Omega \cdot \mathrm{s}$$

Das Henry ist beispielsweise dargestellt durch die Induktivität einer Spule, in der von einem Strom von 1 A ein magnetischer Fluß von 1 Wb erzeugt wird.

12. Kapazität

Die Kapazität C hat die Dimension

$$\langle C\rangle = \langle Q\rangle \langle U\rangle^{-1} = \langle G\rangle \langle t\rangle$$

Die Einheit der Kapazität ist das *Farad* (F),

$$[C] = 1\ \mathrm{F} \quad \text{mit den Einheitentermen } \mathrm{S} \cdot \mathrm{s} \text{ und } \mathrm{C} \cdot \mathrm{V}^{-1}$$

Das Farad wird beispielsweise dargestellt durch die Kapazität eines Kondensators, der beim Anlegen an eine Spannung von 1 V die Ladung von 1 C aufnimmt.

13. Permittivität (Dielektrizitätskonstante)

Die Permittivität ε hat die Dimension

$$\langle \varepsilon\rangle = \langle D\rangle \langle E\rangle^{-1} = \langle Q\rangle \langle U\rangle^{-1} \langle l\rangle^{-1} = \langle C\rangle \langle l\rangle^{-1}$$

Ein eigener Einheitenname wurde nicht festgelegt.
Der gebräuchliche Einheitenterm für die Permittivität ist das Farad durch Meter,

$$[\varepsilon] = 1\ \mathrm{F} \cdot \mathrm{m}^{-1}$$

Das Farad durch Meter wird beispielsweise dargestellt durch die Permittivität eines Dielektrikums, bei dem eine elektrische Feldstärke von $1\ \mathrm{V} \cdot \mathrm{m}^{-1}$ eine Verschiebungsdichte von $1\ \mathrm{C} \cdot \mathrm{m}^{-2}$ zur Folge hat.

Die Permittivität des leeren Raumes, die *elektrische Feldkonstante*, hat den Wert

$$\varepsilon_0 = \frac{c^2_{\mathrm{m/s}}}{4\pi} 10^7 \frac{\mathrm{F}}{\mathrm{m}} = 8{,}854 \cdot 10^{-12} \frac{\mathrm{A} \cdot \mathrm{s}}{\mathrm{V} \cdot \mathrm{m}} = 8{,}854 \cdot 10^{-12}\,\mathrm{F} \cdot \mathrm{m}^{-1}$$

(c Lichtgeschwindigkeit)

Das Verhältnis der Permittivität eines Stoffes zur elektrischen Feldkonstante heißt Permittivitätszahl oder Dielektrizitätszahl, $E = \varepsilon/\varepsilon_0$. Sie ist eine reine Zahl.[1])

14. Permeabilität

Die Permeabilität μ hat die Dimension

$$\langle\mu\rangle = \langle B\rangle\,\langle H\rangle^{-1} = \langle U\rangle\,\langle I\rangle^{-1}\,\langle l\rangle^{-1}\,\langle t\rangle = \langle L\rangle\,\langle l\rangle^{-1}$$

Ein eigener Einheitenname wurde nicht festgelegt.
Der gebräuchliche Einheitenterm der Permeabilität ist das Henry durch Meter,

$$[\mu] = 1\ \mathrm{H}\cdot\mathrm{m}^{-1}$$

Das Henry durch Meter wird beispielsweise dargestellt durch die Permeabilität eines Stoffes, bei dem eine magnetische Erregung von $1\ \mathrm{A}\cdot\mathrm{m}^{-1}$ eine magnetische Flußdichte von 1 T zur Folge hat.

Die Permeabilität des leeren Raumes, die *magnetische Feldkonstante*, hat den Wert

$$\mu_0 = 4\pi\cdot 10^{-7}\,\frac{\mathrm{H}}{\mathrm{m}} = 4\pi\cdot 10^{-7}\,\frac{\mathrm{V}\cdot\mathrm{s}}{\mathrm{A}\cdot\mathrm{m}}$$

Das Verhältnis der Permeabilität eines Stoffes zur magnetischen Feldkonstante heißt Permeabilitätszahl $M = \mu/\mu_0$. Sie ist eine reine Zahl.[2])

15. Wirk-, Blind-, Scheinleistung

Wirk-, Blind- und Scheinleistung haben die Dimension

$$\langle P\rangle = \langle Q\rangle = \langle S\rangle = \langle P\rangle$$

Ihre Einheit ist das *Watt* (W),

$$[P] = 1\ \mathrm{W}$$

Für die Blindleistung wird auch der Name *Var* (var),

$$1\ \mathrm{var} = 1\ \mathrm{W}$$

für die Scheinleistung meist der Einheitenterm Voltampere (VA),

$$1\ \mathrm{VA} = 1\ \mathrm{W}$$

gebraucht.

---

[1]) Im Schrifttum wird meist ε_r statt E geschrieben, was aber dazu verleitet, die Permittivitätszahl als Größe von der Art Permittivität, also dimensionsbehaftet, anzusehen.

[2]) Im Schrifttum wird meist μ_r statt M geschrieben, was aber dazu verleitet, die Permeabilitätszahl als Größe von der Art Permeabilität, also dimensionsbehaftet, anzusehen.

3.5. Die SI-Einheiten der Akustik, Strahlungsphysik und Lichttechnik

Die drei Bereiche Akustik, Strahlungsphysik und Lichttechnik können gemeinsam behandelt werden. Es handelt sich zunächst um Wellenausbreitungen, die mit den drei Grundgrößen der Mechanik eindeutig beschrieben werden können. Strahlung im Wellenlängenbereich von etwa 380 bis 780 nm ruft beim Menschen eine Gesichtsempfindung hervor, die als Licht bezeichnet wird und zu deren Beurteilung (Helligkeit, Glanz, Farbe usw.) physiologische Eigenschaften des Auges mit herangezogen werden müssen. Man unterscheidet dann Licht als Strahlung und Licht als Empfindung. Hier sind zur meßtechnischen Erfassung erweiterte Begriffe und Einheiten notwendig.[1])
Da es sich vorwiegend um ein abgegrenztes Spezialgebiet handelt, werden in der Folge nur die wichtigsten Größen behandelt.

1. Schallfluß

Der Schallfluß q ist das Produkt aus der Wechselgeschwindigkeit der schwingenden Teilchen einer Schallübertragung (Schallschnelle) und der Querschnittsfläche senkrecht zur Schallrichtung. Er hat die Dimension

$$\langle q \rangle = \langle v \rangle \langle A \rangle = \langle l \rangle^3 \langle t \rangle^{-1}$$

Ein eigener Einheitenname wurde nicht festgelegt.
Der gebräuchliche Einheitenterm des Schallflusses ist das Kubikmeter durch Sekunde,

$$[q] = 1\ \mathrm{m}^3 \cdot \mathrm{s}^{-1}$$

2. Schalleistung

Die Schalleistung P ist der Quotient aus der (abgegebenen, durchtretenden oder aufgenommenen) Schallenergie und der zugehörigen Zeitdauer beziehungsweise das Produkt aus Schalldruck und Schallfluß.
Die Einheit der Schalleistung ist das *Watt* (W),

$$[P] = 1\ \mathrm{W}$$

3. Schallintensität

Die Schallintensität I ist der Quotient aus der Schalleistung und der zur Ausbreitungsrichtung senkrecht liegenden Fläche. Sie hat die Dimension

$$\langle I \rangle = \langle P \rangle \langle A \rangle^{-1}$$

Ein eigener Einheitenname wurde nicht festgelegt.
Der gebräuchliche Einheitenterm der Schallintensität ist das Watt durch Quadratmeter,

$$[I] = 1\ \mathrm{W} \cdot \mathrm{m}^{-2}$$

---

[1]) Zur Unterscheidung zwischen den energetischen und den lichttechnisch-physiologischen Strahlungsgrößen gleicher Art werden, wenn nötig, die Indizes e beziehungsweise v angefügt.

4. Schallenergiedichte

Die Schallenergiedichte E ist der Quotient aus der Schallenergie und dem zugehörigen Volumen beziehungsweise der Quotient aus der Schallintensität und der Schallgeschwindigkeit. Sie hat die Dimension

$$\langle E \rangle = \langle W \rangle \langle V \rangle^{-1} = \langle I \rangle \langle v \rangle$$

Ein eigener Einheitenname wurde nicht festgelegt.
Der gebräuchliche Einheitenterm ist das Joule durch Kubikmeter,

$$[E] = 1 \text{ J} \cdot \text{m}^{-3}$$

5. Schalldruckpegel

Der Schalldruckpegel L_p ist das logarithmierte Verhältnis zweier Schalldrücke.
Die gebräuchliche Einheit des Schalldruckpegels ist das *Dezibel*,

$$[L_p] = 1 \text{ dB}$$

6. Lautstärkepegel

Der Lautstärkepegel L_N ist der auf den als gleich laut beurteilten Normalschall bezogene Schalldruckpegel.
Die gebräuchliche Einheit des Lautstärkepegels ist das *Phon*,

$$1 \text{ phon} \triangleq 1 \text{ dB}$$

7. Strahlungsmenge

Die Strahlungsmenge Q (Q_e) ist die in Form von Strahlung auftretende Energie. Sie hat die Dimension

$$\langle Q \rangle = \langle W \rangle$$

Die Einheit der Strahlungsmenge ist das *Joule* (J),

$$[Q] = 1 \text{ J} \quad \text{mit dem Einheitenterm W} \cdot \text{s}$$

8. Strahlungsfluß

Der Strahlungsfluß Φ (Φ_e) ist die auf die Zeit bezogene Strahlungsmenge. Er hat die Dimension

$$\langle \Phi \rangle = \langle P \rangle$$

Die Einheit des Strahlungsflusses ist das *Watt* (W),

$$[\Phi] = 1 \text{ W}$$

Der Strahlungsfluß von 1 W liegt beispielsweise vor, wenn die Strahlungsmenge 1 J in 1 s ausgestrahlt wird.

9. Strahlstärke

Die Strahlstärke I (I_e) ist der in einer bestimmten Richtung auf den Raumwinkel bezogene Strahlungsfluß. Ihre Dimension ist

$$\langle I \rangle = \langle \Phi \rangle \langle \Omega \rangle^{-1}$$

Ein eigener Einheitenname wurde nicht festgelegt.
Der gebräuchliche Einheitenterm der Strahlstärke ist das Watt durch Steradiant,

$$[I] = 1 \text{ W} \cdot \text{sr}^{-1}$$

Das Watt durch Steradiant wird beispielsweise dargestellt durch die Strahlstärke einer Strahlungsquelle, die in einen durchstrahlten Raumwinkel von 1 sr den Strahlungsfluß von 1 W emittiert.

10. Strahldichte

Die Strahldichte L (L_e) ist die auf eine Fläche senkrecht zur Strahlrichtung bezogene Strahlstärke. Sie hat die Dimension

$$\langle L \rangle = \langle \Phi \rangle \langle l \rangle^{-2} \langle \Omega \rangle^{-1} = \langle I \rangle \langle l \rangle^{-2}$$

Ein eigener Einheitenname wurde nicht festgelegt.
Der gebräuchliche Einheitenterm der Strahldichte ist das Watt durch Steradiant und Quadratmeter,

$$[L] = 1 \text{ W} \cdot \text{sr}^{-1} \cdot \text{m}^{-2}$$

Das Watt durch Steradiant und Quadratmeter wird beispielsweise dargestellt durch die Strahldichte einer Strahlungsquelle mit der in einer bestimmten Richtung gehenden Strahlstärke von $1 \text{ W} \cdot \text{sr}^{-1}$, bezogen auf eine zur Strahlrichtung senkrechte Fläche von 1 m^2.

11. Bestrahlungsstärke

Die Bestrahlungsstärke E (E_e) ist die Flächendichte der Einstrahlung eines Strahlungsflusses auf eine Fläche. Sie hat die Dimension

$$\langle E \rangle = \langle \Phi \rangle \langle l \rangle^{-2}$$

Ein eigener Einheitenname wurde nicht festgelegt.
Der gebräuchliche Einheitenterm der Bestrahlungsstärke ist das Watt durch Quadratmeter,

$$[E] = 1 \text{ W} \cdot \text{m}^{-2}$$

Das Watt durch Quadratmeter wird beispielsweise dargestellt durch die Bestrahlungsstärke, die auftritt, wenn eine Fläche von 1 m^2 von einem Strahlungsfluß von 1 W bestrahlt wird.
In der Lichttechnik (Photometrie) werden den physikalisch-energetischen Strahlungsgrößen physiologische Größen zugeordnet, die die von der Wellenlänge des Lichtes

abhängige Hellempfindlichkeit des menschlichen Auges berücksichtigen. Da diese keine physikalisch definierbaren Größen sind, können die Lichtgrößen nur bedingt wie physikalische Größen behandelt werden.
Der allgemeine Zusammenhang zwischen einer energetischen Größe X_e und der entsprechenden Lichtgröße X ist durch die Beziehung

$$X = C \int V(\lambda) \cdot X_e \mathrm{d}\lambda \tag{1}$$

gegeben, worin die Abhängigkeit von der Wellenlänge durch den Index λ gekennzeichnet ist. $V(\lambda)$ ist der energetisch gewonnene, aber international genormte, von der Wellenlänge abhängige Hellempfindlichkeitsgrad. Für eine Strahlung, die sich aus mehreren Elementarstrahlungen verschiedener Wellenlängen zusammensetzt, mußte daher das Integral über die Wellenlänge gebildet werden. Der Faktor C ist eine Umrechnungskonstante, die die physiologischen – durch die Definition der Candela festgelegten – Lichteinheiten mit den physikalisch-energetischen Einheiten verbindet. Wenn man die Lichtgrößen formal wie physikalische Größen behandelt – und das ist im SI geschehen –, ergibt sich für C die „Dimension"

$$\langle C \rangle = \langle X \rangle / \langle X_e \rangle$$

Ihr Wert errechnet sich mit der Definition der Candela zu

$$C = 680 \frac{\mathrm{cd}}{\mathrm{W} \cdot \mathrm{sr}^{-1}} = 680 \ \mathrm{cd} \cdot \mathrm{W}^{-1} \cdot \mathrm{sr}$$

Die den energetischen Strahlungsgrößen entsprechenden wichtigsten Lichtgrößen sind die Lichtmenge, der Lichtstrom, die Lichtstärke, die Leuchtdichte und die Beleuchtungsstärke.

12. Lichtmenge

Die Lichtmenge Q (Q_v) ist die photometrische bewertete Strahlungsmenge.
Ein eigener Einheitenname wurde nicht festgelegt.
Der gebräuchliche Einheitenterm für die Lichtmenge ist die Lumensekunde,

$$[Q] = 1 \ \mathrm{lm} \cdot \mathrm{s}$$

Daneben wird vielfach die nicht kohärente Einheit Lumenstunde (lm · h) benutzt.

Die Lumensekunde wird beispielsweise dargestellt durch die Lichtmenge, die einem Lichtstrom von 1 lm in 1 s entspricht.

13. Lichtstrom

Der Lichtstrom Φ (Φ_v) ist der photometrisch bewertete Strahlungsfluß.
Die Einheit des Lichtstromes ist das *Lumen*,

$$[\Phi] = 1 \ \mathrm{lm} \quad \text{mit dem Einheitenterm cd} \cdot \mathrm{sr}$$

Der Lichtstrom von 1 Lumen liegt beispielsweise vor, wenn die Lichtmenge von 1 lm · s in 1 s ausgestrahlt wird.

14. Lichtstärke

Die Lichtstärke I (I_v) ist die photometrisch bewertete Strahlstärke. Sie ist der auf den Raumwinkel bezogene Lichtstrom.
Die Einheit der Lichtstärke ist die *Candela*,

$$[I] = 1 \text{ cd}$$

Die Candela ist Basiseinheit im SI.

15. Leuchtdichte

Die Leuchtdichte L (L_v) ist die photometrisch bewertete Strahldichte.
Ein eigener Einheitenname wurde nicht festgelegt.
Der gebräuchliche Einheitenterm für die Leuchtdichte ist die Candela durch Quadratmeter,

$$[L] = 1 \text{ cd} \cdot \text{m}^{-2}$$

Die Candela durch Quadratmeter wird beispielsweise dargestellt durch die Leuchtdichte einer ebenen, leuchtenden Fläche von 1 m^2 bei einer Lichtstärke von 1 cd.

16. Beleuchtungsstärke

Die Beleuchtungsstärke E (E_v) ist die photometrisch bewertete Bestrahlungsstärke.
Die Einheit der Beleuchtungsstärke ist das *Lux*,

$$[E] = 1 \text{ lx} \quad \text{mit dem Einheitenterm lm} \cdot \text{m}^{-2}$$

Das Lux wird beispielsweise dargestellt durch die Beleuchtungsstärke einer Fläche von 1 m^2, die von einem Lichtstrom von 1 lm beleuchtet wird.

4. Tabellarische Übersicht über die SI-Einheiten

In der Folge sind die wichtigsten SI-Einheiten nochmals tabellarisch zusammengestellt. Dabei sind Einheiten und Einheitenterme getrennt aufgeführt. Das SI kennt keinen Unterschied zwischen Einheiten und Einheitentermen und wertet beide gleicherweise als Einheiten. Auf Grund der Ausführungen im Abschnitt 2.7. dürfte aber die getrennte Aufzählung nützlich sein, zumal sie ja die SI-Gepflogenheit nicht beeinträchtigt.
Vielfach besteht auch der Brauch, bei den Einheitentermen nur die Basiseinheiten zu nennen. Das ergibt oft unübersichtliche und wenig aussagende Ausdrücke, weshalb in den Tafeln (wie auch schon früher im Textteil des Buches) nur Formen aufgeführt wurden, die eine echte Information geben.

4.1. SI-Basiseinheiten

Tafel 1. SI-Basiseinheiten

Größe		Einheit		Einheitenterme	Anmerkung
Name	Symbol	Name	Symbol		
Länge	l	Meter	m		
Zeit	t	Sekunde	s		
Masse	m	Kilogramm	kg		
elektrische Stromstärke	I	Ampere	A		
thermodynamische Temperatur	T	Kelvin	K	siehe Abschn. 3.3./*1*.	siehe Abschn. 3.3./*1*
Stoffmenge	n	Mol	mol	$1\ \text{Stück} = \frac{1}{\{N_A\}}\ \text{mol}$	siehe Abschn. 3.2./*10*
Lichtstärke	I_v	Candela	cd		

4.2. SI-Einheiten und -Einheitenterme der Geometrie und Mechanik

Tafel 2. SI-Einheiten und -Einheitenterme der Geometrie und Mechanik

Größe		Einheit		Einheitenterme	Anmerkung
Name	Symbol	Name	Symbol		
Flächeninhalt	A	—	—	m^2	
Volumen	V	—	—	m^3	
ebener Winkel	φ	Radiant	rad	$m \cdot m^{-1}$	
Raumwinkel	Ω	Steradiant	sr	$m^2 \cdot m^{-2}$	
Geschwindigkeit	v	—	—	$m \cdot s^{-1}$	
Winkelgeschwindigkeit	ω	—	—	$rad \cdot s^{-1}$ (vereinf. s^{-1})	s. Abschn. 2.10.
Beschleunigung	a	—	—	$m \cdot s^{-2}$	
Winkelbeschleunigung	α	—	—	$rad \cdot s^{-2}$ (vereinf. s^{-2})	s. Abschn. 2.10.
Drehzahl	n	—	—	$U \cdot s^{-1}$ (vereinf. s^{-1})	s. Abschn. 3.2./*10*
Frequenz	f	Hertz	Hz	$per \cdot s^{-1}$ (vereinf. s^{-1})	s. Abschn. 3.2./*10*
Kreisfrequenz	ω	—	—	$rad \cdot s^{-1}$ (vereinf. s^{-1})	s. Abschn. 2.10.
Kraft, Gewicht	F	Newton	N	$kg \cdot m \cdot s^{-2}$	
Dichte	ϱ	—	—	$kg \cdot m^{-3}$	
Impuls	p	—	—	$kg \cdot m \cdot s^{-1}$	
Impulsmoment, Drehimpuls	L	—	—	$kg \cdot m^2 \cdot s^{-1}$	
Trägheitsmoment	J	—		$kg \cdot m^2$	
Drehmoment	M	—	—	$N \cdot m$	
Druck	p	Pascal	Pa	$N \cdot m^{-2} = kg \cdot m^{-1} \cdot s^{-2}$	1 bar = 10^5 Pa
dynamische Viskosität	η	—	—	$Pa \cdot s = kg \cdot m^{-1} s^{-1}$	s. Abschn. 3.2./*20*
kinematische Viskosität	ν	—	—	$m^2 \cdot s^{-1}$	
Arbeit, Energie	W	Joule	J	$N \cdot m = W \cdot s$	
Leistung	P	Watt	W	$J \cdot s^{-1} = N \cdot m \cdot s^{-1} = V \cdot A$	

4.3. SI-Einheiten und -Einheitenterme der Thermik

Tafel 3. SI-Einheiten und -Einheitenterme der Thermik

Größe		Einheit		Einheitenterme	Anmerkung
Name	Symbol	Name	Symbol		
Wärmemenge, Wärme	Q	Joule	J	—	—
Wärmekapazität	C_v	—	—	$J \cdot K^{-1}$	s. Abschn. 3.3./*3*
Entropie	S	—	—	$J \cdot K^{-1}$	s. Abschn. 3.3./*4*

4.4. SI-Einheiten und -Einheitenterme der Elektromagnetik

Tafel 4. SI-Einheiten und -Einheitenterme der Elektromagnetik

Größe		Einheit		Einheitenterme	Anmerkung
Name	Symbol	Name	Symbol		
elektrische Ladung	Q	Coulomb	C	$A \cdot s$	
magnetische Erregung	H	—	—	$A \cdot m^{-1}$	
elektrische Spannung	U	Volt	V	$J \cdot C^{-1} = Wb \cdot s^{-1}$	
elektrische Feldstärke	E	—	—	$V \cdot m^{-1} = N \cdot C^{-1}$	
magnetischer Fluß	Φ	Weber	Wb	$V \cdot s = T \cdot m^2$	
magnetische Flußdichte	B	Tesla	T	$Wb \cdot m^{-2}$	
elektrische Flußdichte	D	—	—	$C \cdot m^{-2}$	
elektrischer Widerstand	R	Ohm	Ω	$V \cdot A^{-1} = S^{-1}$	
spezif. elektr. Widerstand	ϱ	—	—	$\Omega \cdot m$	
elektrischer Leitwert	G	Siemens	S	$V^{-1} \cdot A = \Omega^{-1}$	
Induktivität	L	Henry	H	$Wb \cdot A^{-1} = \Omega \cdot s$	
Kapazität	C	Farad	F	$C \cdot V^{-1} = S \cdot s$	
Permittivität	ε	—	—	$F \cdot m^{-1}$	
Permeabilität	μ	—	—	$H \cdot m^{-1}$	
Wirk-, Blind-, Scheinleistung	P	Watt	W	W = var = VA	

4.5. SI-Einheiten und -Einheitenterme der Akustik, Strahlungsphysik und Lichttechnik

Tafel 5. SI-Einheiten und -Einheitenterme der Akustik, Strahlungsphysik und Lichttechnik

Größe		Einheit		Einheitenterme	Anmerkung
Name	Symbol	Name	Symbol		
Schallfluß	q	—	—	$m^3 \cdot s^{-1}$	
Schalleistung	P	Watt	W		
Schallintensität	I	—	—	$W \cdot m^{-2}$	
Schallenergiedichte	E	—	—	$J \cdot m^{-3}$	
Schalldruckpegel	L_p	Bel	B		meist in dB
Lautstärkepegel	L_N	—	—		1 phon ≙ 1 dB
Strahlungsmenge	Q	Joule	J	$W \cdot s$	
Strahlungsfluß	Φ	Watt	W		
Strahlstärke	I	—	—	$W \cdot sr^{-1}$	
Strahldichte	L	—	—	$W \cdot sr^{-1} \cdot m^{-2}$	
Bestrahlungsstärke	E	—	—	$W \cdot m^{-2}$	
Lichtmenge	Q	—	—	$lm \cdot s$	
Lichtstrom	Φ	Lumen	lm	$cd \cdot sr$	
Leuchtdichte	L	—	—	$cd \cdot m^{-2}$	
Beleuchtungsstärke	E	Lux	lx	$lm \cdot m^{-2}$	

Literaturverzeichnis

[1] Wallot, J.: Größengleichungen, Einheiten und Dimensionen. Leipzig: Johann Ambrosius Barth 1953

[2] Oberdorfer, G.: Das Internationale Maßsystem und die Kritik seines Aufbaus. Leipzig: VEB Fachbuchverlag 1969

[3] ÖNORM A 6401 „Zeichen für Größen und Einheiten" (Österreich). DIN 1304 „Allgemeine Formelzeichen" (BRD). TGL 0-1304 „Formelzeichen für allgemein angewandte physikalische Größen" (DDR)

[4] Oberdorfer, G.: Lehrbuch der Elektrotechnik, I. Band, 6. Aufl. München: R. Oldenbourg Verlag 1961

[5] Becker, R.: Theorie der Wärme. (Heidelberger Taschenbücher, Band 10) Berlin — Heidelberg — New York: Springer-Verlag 1966

[6] Landau, L. D., und E. M. Lifschitz: Lehrbuch der theoretischen Physik, Band V: Statistische Physik, 3. Aufl. Berlin: Akademie-Verlag 1971

[7] Alonso, M., und E. J. Finn: Fundamental University Physics, Vol. III: Quantum and Statistical Physics, 7. Aufl. Reading, Mass. (USA): Addison-Wesley Publishing Company 1975

[8] Hübner, G.: Temperaturbegriff und Temperaturdimension. Wärme Bd. 77 (1976) Heft 2/3

Ferner:

ÖNORM A 6409	Physikalische Größen. 1975
ÖNORM A 6410	Schreibweise physikalischer und technischer Gleichungen. 1975
ÖNORM A 6431	Größensysteme, Einheitensysteme, Basisgrößen, Urmaße. 1975
ÖNORM A 6432	Internationales Einheitensystem (SI). 1976
DIN 1301	Einheiten. 1971
DIN 1313	Schreibweise physikalischer Gleichungen in Naturwissenschaft und Technik. 1962
DIN 5494	Größensysteme und Einheitensysteme. 1966
TGL 0-1313	Schreibweise physikalischer Gleichungen. 1962
TGL 31 548	Einheiten physikalischer Größen. Entwurf 1975
TGL 31 550	Grundbegriffe der Metrologie. Entwurf 1975/76

Sachwortverzeichnis